Andreas Syska

Produktionsmanagement

Andreas Syska

Produktions-management

Das A – Z wichtiger Methoden und Konzepte für die Produktion von heute

GABLER

Bibliografische Information Der Deutschen Nationalbibliothekibliothek
Die Deutsche Nationalbibliothek verzeichnet diese Publikation in der Deutschen Nationalbibliografie; detaillierte bibliografische Daten sind im Internet über <http://dnb.d-nb.de> abrufbar.

1. Auflage August 2006

Lektorat: Ulrike M. Vetter

Der Gabler Verlag ist ein Unternehmen von Springer Science+Business Media.
www.gabler.de

Umschlaggestaltung: Nina Faber de.sign, Wiesbaden
Druck und buchbinderische Verarbeitung: Wilhelm & Adam, Heusenstamm
Gedruckt auf säurefreiem und chlorfrei gebleichtem Papier
Printed in Germany

ISBN-10 3-8349-0235-7
ISBN-13 978-3-8349-0235-1

Vorwort

Die permanent steigenden Anforderungen an Produktionen hinsichtlich Flexibilität, Wirtschaftlichkeit und Qualität haben in jüngster Vergangenheit eine Vielzahl an Managementkonzepten für die Produktion hervorgebracht. Zwar leisten viele dieser Managementkonzepte einen wertvollen Beitrag zur Erfüllung dieser Anforderungen. Jedoch trägt die Fülle an Lösungsansätzen, Konzepten und Begriffen in vielen Fällen eher zur Verunsicherung der Verantwortlichen bei als zu deren Befähigung, den Anforderungen gerecht zu werden.

Dies wird nur in meinen vielfältigen Kontakten mit produzierenden Unternehmen bestätigt. In der täglichen Praxis meiner Zusammenarbeit mit diesen Unternehmen stelle ich bei den Verantwortlichen einen förmlichen Hunger nach Erklärung und Orientierung fest und beobachte gleichzeitig deren Kampf gegen die Faktenflut, was für mich Motivation genug ist, dieses Buch zu schreiben.

Bei dessen Konzeption standen zwei Zielgruppen vor Augen: Verantwortliche in produzierenden Unternehmen sowie Studierende. Ich habe mir vorgenommen, diesem Personenkreis einen schnellen und sicheren Einstieg in die wichtigsten Begriffe des modernen Produktionsmanagements zu liefern. Dabei habe ich bei der Themenauswahl versucht, den Bogen zu spannen von grundlegenden und in der Praxis etablierten Konzepten bis hin zu solchen Themen, die aktuell diskutiert werden und die meiner Auffassung nach Produzenten in den nächsten Jahren beschäftigen werden.

Um den Ansprüchen an eine schnelle, aber auch umfassende Information gerecht zu werden, erfolgt die Erklärung dieser Begriffe in der Regel in drei Stufen. Zunächst wird der Hintergrund des Begriffs erläutert, seine Einbettung in andere Managementkonzepte deutlich gemacht beziehungsweise dessen zeitliche Entwicklung dargestellt. Hierauf aufbauend erfolgt die eigentliche Erläuterung der konzeptionellen Grundlagen. Diese wird abgerundet durch eine kritische Bewertung des Themas hinsichtlich Voraussetzungen und Grenzen der Anwendung. Durch eine einheitliche Begrifflichkeit ist zudem sichergestellt, dass der Lesende Querverbindungen zu anderen Themen dieses Buchs erkennt und damit auch wichtige Zusammenhänge sieht, ohne sich in der Vielfalt zu verlieren.

Dieses Buch hat dann seinen Zweck erfüllt, wenn es ein permanenter Begleiter in Beruf und Studium wird, anhand dessen sich der Leser einen ersten Einstieg in die Themen verschafft und hierdurch *Lust auf mehr* bekommt. In diesem Sinne wünsche ich Ihnen eine spannende und erkenntnisreiche Lektüre!

Herzlich bedanken möchte ich mich an dieser Stelle bei allen, die zur Entstehung dieses Buches beigetragen haben. Mein ganz besonderer Dank geht an Frau Dipl.-Geogr. Stephanie Tapp und Herrn Dipl.-Ing. Daniel Weber, ohne deren sehr engagierte und hervorragende Vorarbeit dieses Buch nicht das geworden wäre, was es ist.

Mönchengladbach, im Juli 2006 Professor Dr. Andreas Syska

Inhalt

0-Fehler-Produktion

Hintergrund

„Wir haben nie Zeit, etwas gleich richtig zu machen, wir haben aber immer die Zeit, es noch einmal zu machen" (Frehr 1994, S. 108).

Dieses Gesetz, das aus der Sammlung der *Murphy's Laws* stammt, repräsentiert nach Ansicht Frehrs die vorherrschende Denkweise in der betrieblichen Praxis. Diese Denkweise widerspricht völlig dem Total-Quality-Management-Gedanken, der den Begriff Qualität in den Mittelpunkt seiner Betrachtung stellt.

Etwas noch einmal machen zu müssen bedeutet nämlich, dass stets zusätzliche Kosten entstehen. Dieses kann jedoch nicht im Interesse eines Unternehmens liegen, da es die Wettbewerbsfähigkeit gefährden könnte.

Die so genannte *0-Fehler-Produktion* ist ein Ansatz der Qualitätssicherung, der darauf abzielt, „durch geeignete Verhaltensweisen und den Einsatz von bestimmten Verfahren (Werkzeuge) eine stetige Reduzierung von Fehlern" (Frehr 1994, S. 108) zu bewirken. Im Vordergrund dieser Betrachtung stehen die Fehlerverhütung sowie die Ursachenbeseitigung, die zu einer sukzessiven Annäherung an eine 0-Fehler-Produktion führen sollen.

Konzept

Das 0-Fehler-Programm ist demnach eine Methode zur Realisierung der kontinuierlichen Reduzierung von Fehlern, also einer stetigen Annäherung an eine 0-Fehler-Produktion, bei der sämtliche Bereiche des Unternehmens mit einbezogen werden. Sie setzt sich aus den folgenden vier Komponenten zusammen (vgl. Frehr 1994, S. 111):

- Voraussetzungen für fehlerfreie Arbeit schaffen
- Verfahren zur Fehlervermeidung einführen
- Eingetretene Fehler systematisch abstellen
- Besonders gute Arbeitsergebnisse untersuchen

Voraussetzungen für fehlerfreie Arbeit schaffen

Um eine fehlerfreie Arbeit zu ermöglichen, ist es zunächst erforderlich herauszufinden, welche Fehler im Produktionsprozess überhaupt auftreten können und mit welchen Gegenmaßnahmen sie zu beseitigen sind. Dabei werden personenbedingte und maschinenbedingte Fehler unterschieden.

- Personenbedingte Fehler
  - Fehler durch Unwissenheit: „Unwissenheit lässt sich durch zielgerichtete Schulung und/oder Unterweisung beseitigen“ (Frehr 1994, S. 111). Lassen sich die durch Unwissenheit entstandenen Fehler trotz dieser Maßnahmen nicht eliminieren, da einige Mitarbeiter womöglich überfordert sind, sollte ein Unternehmen auch einen Arbeitsplatzwechsel dieser Mitarbeiter in Betracht ziehen.
  - Fehler durch Unaufmerksamkeit: Viele wissenschaftliche und betriebliche Studien haben erwiesen, dass Fehler durch Unaufmerksamkeit auftreten, wenn Mitarbeiter z. B. physisch überfordert sind. „Menschen sind nur eine begrenzte Zeit zur Leistung von Tätigkeiten in der Lage, die einen hohen Aufmerksamkeitsgrad erfordern (z. B. Sichtkontrolle, Arbeiten mit hoher Präzision unter erschwerten körperlichen- oder Umgebungsbedingungen wie Hitze, Kälte usf.)“ (Frehr 1994, S. 112). Andererseits ist aber auch genau das Gegenteil, also eine Unterforderung, denkbar. Unmotivierte Mitarbeiter stellen in diesem Zusammenhang eine dritte mögliche Fehlerquelle dar.
- Maschinenbedingte Fehler
  - Abgenutzte Maschinen oder Vorrichtungen
  - „Systematisch und geplant betriebene, vorbeugende Wartung beugt dem zu großen Verschleiß vor“ (Frehr 1994, S. 114).
  - Ungeeignete Maschinen oder Vorrichtungen

Verfahren zur Fehlervermeidung einführen

Fehler zu vermeiden ist wirtschaftlicher als Fehler zu beseitigen, denn die Fehlerbeseitigung verursacht natürlich auch Kosten. Daher wäre es aus Unternehmenssicht sicherlich besser, es entstünden erst gar keine Fehler. Um Fehler in einer möglichst frühen Phase der Produktentstehung zu entdecken, sind verschiedene Methoden denkbar (vgl. Frehr 1994, S. 114 f.):

- Fehlermöglichkeits- und -einflussanalyse
- Entwicklungs- und Konstruktionsprüfungen (Design Reviews)
- Einsatz beherrschter Prozesse und deren systematische Überwachung
- Selbstprüfung
- Messbare und vollständige Aufgabenbeschreibung (Spezifikationen, Arbeitsanweisungen)

Eingetretene Fehler systematisch abstellen

Innerhalb eines 0-Fehler-Programms gilt die Maxime, dass jeder Fehler nur einmal auftreten darf. Mit Hilfe von Verfahren zur Ermittlung von Fehlerursachen, wie z. B. *sieben Statistische Werkzeuge*, *Problemanalyse nach Kepner-Tregoe* und *Versuchsmethodik* (nach Shaimin und Taguchi), soll gewährleistet werden, dass die tatsächliche Ursache bei einem aufgetretenen Fehler eruiert und eliminiert wird. Dagegen ist eine „oberflächliche Fehlerbeseitigung (…) der Hauptgrund für die immensen Fehlerkosten, die in so vielen Unternehmen auftreten" (Frehr 1994, S. 117).

Besonders gute Arbeitsergebnisse untersuchen

„Bestimmte Arbeitsgänge, Maschinen und Personen liefern bessere, d. h., weniger fehlerbehaftete Ergebnisse als andere" (Frehr 1994, S. 118). Nach Ansicht Frehrs sollten sich Unternehmen an den besseren Ergebnissen orientieren, um Verbesserungen in allen Unternehmensbereichen erzielen zu können. Internes und externes Benchmarking bzw. die Suche nach Best Practice spielen dabei eine große Rolle.

Bewertung

Ein Sinneswandel hat stattgefunden: Glaubte man früher, dass Qualität Geld kostet, so ist man heute zur Überzeugung gelangt, dass Qualität die Voraussetzung für wirtschaftliche Produktion ist.

Die Bezeichnung 0-Fehler-Produktion kann aber auf den ersten Blick ein wenig verwirren und erscheint als Ziel sehr ambitioniert, wenn nicht unmöglich. Und richtig: Eine 0-Fehler-Produktion im wahrsten Sinne des Wortes in der betrieblichen Praxis zu realisieren, ist kaum vorstellbar – die sukzessive Annäherung an eine 100 % fehlerfreie Produktion durch geeignete Maßnahmen dagegen schon eher. Daher sollte 0-Fehler nicht wörtlich genommen, sondern sollte deshalb als „immer weniger Fehler machen" interpretiert und verstanden werden.

Der neue Ansatz dieses Gedankens liegt in der Einsicht, dass Fehler nicht als etwas völlig Normales, Unvermeidliches hingenommen werden dürfen, sondern als „eine Quelle für Kostenreduzierung und Verbesserung" (Frehr 1994, S. 120) zu betrachten sind.

Dem Gedanken *Jeder Fehler darf nur einmal auftreten* folgend, sollten die richtigen Fehlerursachen aufgedeckt und beseitigt werden, denn „nicht die Suche nach dem Schuldigen, sondern die Suche nach der Fehlerursache und deren Abstellung ist der Weg zu weniger Fehlern" (Frehr 1994, S. 109). Mehr als das: Jeder gefundene Fehler ist eine Chance zur nachhaltigen Verbesserung der Produktionsprozesse.

3 Mu

Hintergrund

Hauptziel und Kern der *Schlanken Produktion (Lean Production)* ist, Verschwendung jeglicher Art erfolgreich zu beseitigen und Störungen im Prozess zu eliminieren. Dabei wird im Zusammenhang mit Lean Production von *Verschwendung (Muda)*, von *Abweichung (Mura)* und von *Überlastung (Muri)* gesprochen, den *3 Mu*.

Konzept

Hinter den 3 Mu verbirgt sich eine Vielzahl von Störungen im Produktionsprozess. Diese werden entsprechend klassifiziert und dienen als Leitfaden zum Erkennen und zur Eliminierung dieser Störungen. 3 Mu als Konzept ist eine der tragenden Säulen von Kaizen.

Im Fokus der Analyse der 3 Mu stehen dabei stets:

- Der Mitarbeiter, seine Möglichkeiten und seine Art zu denken
- Die eingesetzte Technik
- Die gewählte Methode
- Die zur Verfügung stehende Zeit
- Die verwendeten Vorrichtungen und Werkzeuge
- Das eingesetzte Material

Muda ist die offensichtlichste Ursache für die Entstehung von Verschwendung. Bei Toyota konzentrieren sich Programme zur Vermeidung von Verschwendung hauptsächlich auf folgende sieben Kategorien von Verschwendung:

- Überproduktion, die als schlimmste Form der Verschwendung gilt, da sie die Notwendigkeit von Verbesserungen verdeckt und zu anderen Arten von Verschwendung führt. Überproduktion erzeugt zusätzliche Bestände, zusätzliche Handhabung, zusätzlichen Raumbedarf, zusätzliches Personal und zusätzliche Administration.
- Wartezeiten durch ineffiziente Arbeitsabläufe, die durch Teilemangel oder beim Warten auf eine Entscheidung und durch Maschinenstillstand entstehen können.

- Transportzeiten durch stockenden Arbeitsfluss. Sie werden oft verursacht durch eine ineffiziente oder unzweckmäßige Anordnung von Maschinen und Produktionsstätten, durch lange Wege bis zum Lagerplatz, durch unsachgemäße Zwischenlagerung von Material, durch doppelte Handhabung während der Bearbeitung oder durch Holen von Werkzeugen oder Unterlagen.
- Ungünstiger Herstellungsprozess durch Nacharbeit, weil die Maschine fehlerhaft arbeitet sowie durch unzureichende Vorrichtungen oder Werkzeuge, durch unzureichende oder unzuverlässige Transportsysteme oder durch komplizierte und damit zu lange Rüstzeiten.
- Überhöhte Lagerhaltung durch unausgewogene und disharmonische Fertigungsprozesse, verursacht durch Platzmangel vor Ort am Arbeitsprozess, durch Umlagerung von Material bzw. Teilen oder durch Kommunikationsprobleme. Ein glatter, reibungsloser Produktionsprozess ist ein effektiver Weg, um genauso viel zu produzieren, wie vom nächsten Prozess benötigt wird.

Unnötige Bewegungen, die nicht unmittelbar zum Arbeitsgang gehören. Unnötige Bewegungen können durch Suche nach Material oder Werkzeugen, durch weite Wege zu Lagerplätzen, durch falsches Produktionslayout oder durch fehlende Arbeitsunterlagen hervorgerufen werden.

- Herstellung fehlerhafter Teile durch Produkte außerhalb der Spezifikation (Ausschuss, Nacharbeit, Aussortierung), z. B. durch unzureichende Sauberkeit und Übersicht am Arbeitsplatz.

Mura (Abweichung, Ungleichmäßigkeit) drückt dabei diejenigen Verluste aus, die durch eine fehlende oder nicht vollständige Harmonisierung der Kapazitäten im Rahmen der Fertigungssteuerung entstehen. Ausprägungen von Mura sind Verluste durch Warteschlangenbildung oder Verluste durch nicht optimal ausgelastete Kapazitäten.

Muri (Überlastung, Unzweckmäßigkeit) bezieht sich auf Verluste, die durch Überbeanspruchungen im Rahmen des Arbeitsprozesses entstehen. Diese Verluste entstehen durch psychische Überbeanspruchung des betreffenden Mitarbeiters und haben eine erhöhte Fehlerhäufigkeit oder Arbeitsunzufriedenheit zur Folge.

Bewertung

Vieles, was in der klassischen Produktion normal erscheint, ist es unter dem Aspekt des verschwendungsfreien Arbeitens und der Flussorientierung nicht. Als ein Element des Werkzeugkastens für die Realisierung einer Schlanken Produktion stellt 3 Mu eine geeignete Grundlage dar, derartige Abweichungen und Verschwendungen systematisch aufzudecken. Notwendige Voraussetzung für den erfolgreichen Einsatz von 3 Mu ist allerdings weniger die Vollständigkeit entsprechender Checklisten, als der geschulte und erfahrene Blick für Verschwendung, Abweichung und Überlastung.

5 S

Hintergrund

Ordnung und Sauberkeit ist eine Voraussetzung für die Vermeidung von Verschwendung und für produktives Arbeiten sowie für Qualität. *5 S* ist eine aus Japan stammende systematische Vorgehensweise zur Schaffung von Ordnung und Sauberkeit am Arbeitsplatz und darüber hinaus im ganzen Unternehmen. Sie wird als probates Hilfsmittel angesehen, um Produktionsprozesse im Sinne der Kaizen-Strategie stetig zu verbessern.

Konzept

5 S zielt darauf ab, den einzelnen Mitarbeitern in der Produktion die Verantwortung für einen einwandfreien Zustand ihres Arbeitsplatzes zu übertragen. Dieser Arbeitsplatz heißt auf Japanisch *Gemba*, was soviel wie der *wahre Ort* bedeutet und als der Ort verstanden wird, an dem die wertschöpfenden Prozesse im Unternehmen stattfinden. Jeder Mitarbeiter ist für den einwandfreien Zustand von Gemba selbst verantwortlich, was sich beispielsweise darin äußern kann, dass nur die Werkzeuge, die tatsächlich in einem Produktionsprozess zum Einsatz kommen, stets griffbereit sind.

Nach Imai sind im Rahmen von 5 S folgende Schritte zu befolgen (vgl. Imai 2002, S. 347 ff.):

Schritt 1: Seiri – Ordnung schaffen

Trenne Notwendiges von Nichtnotwendigem und entferne alles Nichtnotwendige, d. h., die Mitarbeiter sollen strikt darauf achten, dass sich nur die Ressourcen, die in einem Produktionsprozess wirklich benötigt werden, am Arbeitsplatz befinden. Alles andere muss vom Arbeitsplatz entfernt werden, z. B. unnötiges Werkzeug, unnötige Maschinen, fehlerhafte Teile und nicht notwendige Papiere und Dokumente.

Schritt 2: Seiton – jeden Gegenstand am richtigen Platz aufbewahren

Gegenstände müssen so aufbewahrt werden, dass sie bei Bedarf griffbereit sind, so dass ein langes Suchen nach Werkzeugen und Teilen vermieden werden kann. Langes Suchen verursacht Wartezeiten und damit eine Unterbrechung des Produktionsflusses.

Schritt 3: Seiso – Sauberkeit

Halte den Arbeitsplatz sauber. Werden die beiden vorangegangenen Schritte von den Mitarbeitern eingehalten, so sollte ein sauberer Arbeitsplatz die logische Konsequenz sein. Alles, was nicht zum momentanen Produktionsprozess gehört, soll vom Arbeitsplatz entfernt werden, und das, was benötigt wird, soll an seinem vorgesehenen Platz liegen.

Schritt 4: Seiketsu – persönlicher Ordnungssinn

Mach dir Sauberkeit und Adrettheit zur Gewohnheit, indem du damit bei dir selbst beginnst. Ist ein Mitarbeiter in seinem privaten Umfeld ordnungsliebend, so wird davon ausgegangen, dass dieser Ordnungssinn auch an seinem Arbeitsplatz zu Tage tritt. Wenn der natürliche Ordnungssinn allerdings nicht allzu ausprägt ist, so wird von ihm erwartet, dass er sich an seinem Arbeitsplatz redlich darum bemüht, ordentlich zu sein.

Schritt 5: Shitsuke – Disziplin

Halte an deinem Arbeitsplatz die Vorschriften ein. Die Mitarbeiter bekommen eine klare Vorgabe, wann während eines Produktionsprozesses welche Werkzeuge und Hilfsmittel zu benutzen und welche Produkte zu fertigen sind. Auf diese Art und Weise soll ein reibungsloser Prozess gewährleistet werden, der Zeit und Kosten spart.

Bewertung

Mit Hilfe der 5 S Kampagne sollen Produktionsprozesse dahingehend optimiert werden, dass Kosten bei gleichzeitig steigender Produktqualität, die am Kundenbedarf ausgerichtet ist, gesenkt werden können. In einem wertschöpfenden Prozess soll nur auf die Ressourcen zurückgegriffen werden, die tatsächlich benötigt werden. Diese werden am Arbeitsplatz so platziert, dass sie griffbereit sind, wenn sie gebraucht werden.

Jeder Mitarbeiter muss seinen Arbeitsplatz, aber auch sich selbst, fortlaufend dahingehend überprüfen, ob die oben genannten fünf Schritte auch strikt eingehalten werden. Daher reicht es nicht aus, dass die Mitarbeiter diese einzelnen Schritte einfach nur zur Kenntnis nehmen, vielmehr ist es erforderlich, sie zu verinnerlichen. Die 5 S Kampagne als Teil der Kaizen-Strategie ist so gesehen eine Art Geisteshaltung, die sich auf die Qualität der Mitarbeiter und des Produktionsprozesses auswirkt.

Andon

Hintergrund

Trotz intensiver Bemühungen, mit Hilfe von Techniken des Qualitätsmanagements (z. B. Ishikawa-Diagramm, Fehlermöglichkeits- und -einflussanalyse), Fehlerursachen aufzuspüren oder Fehler im Vorhinein zu vermeiden, sind die Produktionsprozesse nicht gegen Störungen bzw. Problemen gefeit. Um während eines Produktionsprozesses schnell auf Schwierigkeiten reagieren zu können, wurde mit *Andon* ein „Hilfsmittel zur Informationsweiterleitung bei auftretenden Problemen" geschaffen. Mit Andon sollen „Probleme sichtbar gemacht, die Ursachen analysiert und gründlich beseitigt werden" (Kamiske, Brauer 2003, S. 93).

Konzept

Andon wurde im Rahmen des Toyota-Produktionssystems eingeführt und ist ein visuelles Fertigungsinformationssystem, das z. B. als Lichtzeichen einer Anzeigetafel, die über dem Fließband hängt, auf auftretende Fehler hinweist. Solche Fehler können Maschinenstörungen oder fehlendes Material sein.

Dabei wird häufig mit Lichtzeichen gearbeitet, die in den Farben grün, gelb sowie rot erscheinen und denen jeweils eine ganz bestimmte Bedeutung zugewiesen ist. Grünes Licht heißt, dass der Produktionsprozess völlig normal verläuft. Neben vollautomatischen Systemen der Fehleranzeige ist Andon auch als ein System denkbar, bei dem Mitarbeiter manuell eingreifen. „Derjenige Mitarbeiter, der einen Fehler entdeckt bzw. ein Problem im Fertigungsablauf feststellt, kann einen Andon-Knopf betätigen und informiert so den Meister und die Kollegen, dass er Hilfe an seinem Arbeitsplatz benötigt" (Kamiske, Brauer 2003, S. 93). „Will der Arbeiter am Band etwas in Ordnung bringen und fordert Hilfe an" (Ohno 1993, S. 148), so betätigt er den Schalter für das gelbe Licht. Schaltet ein Arbeiter das rote Licht an, so ist ein Problem aufgetreten, das so gravierend ist, dass es nicht auf die Schnelle gelöst werden kann und der Produktionsablauf bzw. das Fließband gestoppt werden muss.

Bewertung

Andon ist eine tragende Säule der 0-Fehler-Produktion. Denn nur dort, wo Fehler unmittelbar angezeigt werden, besteht die Chance, über das reine Krisenmanagement hinausgehend, die Ursachen nachhaltig zu beseitigen. Aus diesem Grund dient Andon als zentrale Anzeige des Problemorts und sollte für möglichst viele Mitarbeiter, vor allem aber für den zuständigen Meister gut sichtbar sein (Kamiske, Brauer 2003, S. 93).

Es wird nicht nur als zulässig angesehen, sondern es ist geradezu erwünscht, Probleme anzuzeigen und gegebenenfalls die Produktion zu stoppen, „wenn damit ein erneutes Auftreten des Problems in Zukunft vermieden werden kann“ (Kamiske, Brauer 2003, S. 93), indem die Ursache des Problems analysiert und beseitigt wird. Ohno meint: „Um Unregelmäßigkeiten völlig zu beseitigen, sollten Arbeiter sich nicht scheuen, das Band anzuhalten“ (Ohno 1993, S. 148).

Auditierung

Hintergrund

In dynamischen Märkten mit einem immer stärker werdenden Konkurrenzdruck wird oftmals die verstärkte Kundenorientierung als Mittel angesehen, um sich von seiner Konkurrenz positiv abzuheben. Im Rahmen der Kundenorientierung sind sowohl die von den Kunden erwünschte Produktqualität, aber auch logistische Qualitätsmerkmale zu berücksichtigen. Zu den logistischen Qualitätsmerkmalen zählen (vgl. Wildemann 1993, S. 200):

- Lieferzeit und -treue
- Flexibilität bei Änderungen
- Ausstattungsmerkmale der Produkte
- Service und Kundendienst sowie
- Gewährleistung und Produkthaftung

Die Produktqualität und die logistischen Qualitätsmerkmale sind Aspekte, die „im Rahmen einer präventiven Qualitätssicherungsstrategie und dem Streben nach ständiger Verbesserung des erreichten Qualitätsniveaus von Produkten, Prozessen sowie der gesamten Auftragsabwicklung zunehmend an Bedeutung“ (Wildemann 1992, S. 266) gewinnen. Es erscheint nicht mehr zeitgemäß, die oben genannten logistischen Qualitätsmerkmale im Laufe einer Kunden-, Lieferantenbeziehung zu monitoren und gegebenenfalls zu verbessern, sondern bereits im Vorfeld einer solchen Lieferbeziehung Schwachstellen herauszuarbeiten, Verbesserungsmaßnahmen anzuregen und deren Wirkung zu überwachen. In diesem Zusammenhang spricht man von *Auditierung*.

Konzept

„Unter einem Audit – bzw. einer Auditierung – versteht man die systematische, unabhängige Untersuchung einer Aktivität und deren Ergebnisse, durch die Vorhandensein und sachgerechte Anwendung spezifizierter Anforderungen beurteilt und dokumentiert werden“ (Kamiske, Brauer 2003, S. 5). Auditierungen können als moderne Informationssysteme betrachtet werden, „mit denen man zu einem bewerteten Bild über Wirksamkeit und Problemangemessenheit von qualitätssichernden Aktivitäten kommt“ (Kamiske, Brauer 2003, S. 5). Eine Auditierung wird im Rahmen einer Auftragsneuvergabe im Sinne einer Erstbeurteilung, beim Auftreten von Mängeln oder zur „Überwachung von Korrekturmaßnahmen als Nachbeurteilung sowie Wiederholungsbeurteilungen als Voraussetzung für eine Vertragsverlängerung“ (Wildemann 1993, S. 185) durchgeführt.

Die Auditierung dient als Führungsinstrument im Bereich der Qualitätssicherung „zur Festlegung von Kompetenzen und Verantwortlichkeiten, um Methoden und Techniken zur Qualitätssicherung zu veranlassen und die systematische Weiterentwicklung des gesamten Qualitätssicherungssystems zu gewährleisten“ (Wildemann 1993, S. 199) und kann von einem Unternehmen selbst oder von einer neutralen Zertifizierungsstelle durchgeführt werden.

Dabei durchläuft eine Auditierung nach Wildemann die nachfolgend aufgeführten vier Phasen:

1. Vorbereitung

- Informationsbeschaffung
- Zusammenstellung eines Audit-Teams
- Auditplan: Aufgabenverteilung, Vorgehensweise
- Fragebogen/Checkliste
- Kontaktaufnahme

2. Inspektion

- Eröffnungsgespräch
- Abweichungserfassung
- Stichproben
- Verfahrens-/QSS-Inspektion
- Interviews

3. Berichterstattung

- Dokumentation: Fehler, Positiva
- Wirksamkeit früherer Verbesserungsaktivitäten
- Ermittlung neuer Verbesserungsmaßnahmen

4. Maßnahmenumsetzung

- Ausführungsverantwortliche
- Rückmeldezeitpunkte
- Zeitplan

Die benötigten Daten, um eine Auditierung durchzuführen, können unter Berücksichtigung weiterer Aspekte wie Marktentwicklung, Konkurrenzverhalten und gesetzliche Rahmenbedingungen unternehmensintern, aber auch mit Hilfe von Kundenbefragungen erhoben werden.

Je nach Untersuchungsgegenstand können drei Arten von Audits unterschieden werden: *Produkt-, Verfahrens-* sowie *Systemaudit*, wobei die beiden erstgenannten Auditarten nur intern und die dritte sowohl intern als auch extern durchgeführt werden können.

„Allen drei Typen ist die Zielsetzung gemeinsam, über den Vergleich mit Vorgaben und Spezifikationen Schwachstellen aufzudecken, Gegenmaßnahmen auszulösen und deren Umsetzung zu überwachen" (Wildemann 1992, S. 267).

Produktaudit

Bei einem Produktaudit wird eine kleine Anzahl von fertigen Produkten hinsichtlich ihrer Übereinstimmung mit den vorgegebenen Spezifikationen untersucht. Dabei ist insbesondere darauf zu achten, ob die spezifischen Kundenanforderungen erfüllt wurden, „so dass für die Zukunft eine fehlervermeidende und damit qualitätssteigernde Wirkung erreicht werden kann" (Kamiske, Brauer 2003, S. 7). Hinsichtlich der Bewertung eines Produktes aus Kundensicht sollte darauf geachtet werden, dass die verwendeten Checklisten nicht nur betriebsinterne Kriterien, sondern auch die Kundenperspektive berücksichtigen. Im Fokus der Beurteilung sollten in diesem Zusammenhang die Produktfunktion sowie -sicherheit stehen. Unter Heranziehung verschiedenster Unterlagen wie Spezifikationen, Pflichtenhefte, Zeichnungen, Normen, Werkstoffblätter, genehmigte Bauabweichungen, Fehlerkataloge, gesetzliche Vorschriften, Prüfpläne kann der Auditor eine Beurteilung vornehmen. Im Hinblick auf den Sicherheitsaspekt gilt es mögliche Fehler zu klassifizieren.

Um sicher einschätzen zu können, wann welcher Fehler vorliegt, ist ein verbindlicher Fragenkatalog als Entscheidungshilfe aufzustellen. „Werden die festgestellten Fehler mit Punkten bewertet und gewichtet, kann aus den Ergebnissen die so genannte Qualitätskennziffer berechnet werden. Sie setzt die Summe der Fehlerpunkte zur Anzahl der geprüften Teile ins Verhältnis und wird auf das zugrunde liegende Punktesystem normiert" (Kamiske, Brauer 2003, S. 7).

Verfahrensaudit

„Das Verfahrensaudit, auch als Prozessaudit bezeichnet, untersucht die Wirksamkeit einzelner im Unternehmen eingesetzter Prozesse, Teilprozesse bzw. Verfahren. Dabei soll sichergestellt werden, dass die vorgegebenen Anforderungen eingehalten werden und für die jeweilige Anwendung zweckmäßig sind" (Kamiske, Brauer 2003, S. 8). Es dient auch als Instrument der Prozessverbesserung. „Durch eine geeignete Darstellung der Auditergebnisse können bereits erste Ansätze für später durchzuführende Prozessanalysen gewonnen werden" (Kamiske, Brauer 2003, S. 8). Denkbare Aufgabenstellungen im Rahmen eines Verfahrensaudits sind beispielsweise: Ermittlung des Wertschöpfungsanteils, Untersuchung der Transportbedingungen sowie der Qualitätsfähigkeit des Prozesses, Überprüfung der Anwendung von Methoden und Techniken der Qualitätssicherung.

Systemaudit

„Das Systemaudit dient zum Nachweis der Wirksamkeit und Funktionsfähigkeit des gesamten Qualitätsmanagementsystems – oder einzelnen Bereichen – eines Unternehmens. Basis der Systemaudits ist der Audit-Fragenkatalog, der sich grundsätzlich an der branchenneutralen Normenreihe DIN EN ISO 9000 : 2000 orientiert" (Kamiske, Brauer 2003, S. 8), die aufgrund ihrer nationalen und internationalen Gültigkeit als eine anerkannte Rahmenbedingung für den Aufbau eines Erfolgsversprechenden Qualitätsmanagements anzusehen ist. Allerdings kann der Fragebogen, je nachdem welche Institution die Auditierung durchführt, auch branchenspezifische Fragen enthalten.

„Den Schwerpunkt in der Auditierung bilden Fragen zu Prüfvorgängen entlang der logistischen Kette, den dazu notwendigen Prüfmitteln, zur Qualitätsplanung, zur Materialhandhabung und zu Korrekturmaßnahmen bei aufgetretenen Mängeln“ (Wildemann 1993, S. 189).

Die Ergebnisse eines Systemaudits werden in einem Auditbericht festgehalten. Dieser sollte mindestens folgende Angaben enthalten (vgl. Kamiske, Ehrhart 1997, S. 308):

- Bereichs-/Prozessverantwortlicher, Auditor
- Termin
- Auditierter Bereich/Prozess
- Verbesserungspotenzial, Hemmnisse
- Erreichungsgrad der vereinbarten operativen Bereichs-/Prozessziele

Dieser Bericht wird an die Unternehmensleitung, an den Leiter des auditierten Bereiches bzw. Prozesses sowie an den Auditor ausgehändigt.

Bewertung

Um eine erfolgreiche Auditierung durchzuführen, sollten folgende Aspekte beachtet werden (vgl. Wildemann 1992, S. 269):

- Alle qualitätssichernden Maßnahmen, Abläufe, produktspezifischen Anweisungen sowie Kompetenzen und Verantwortlichkeiten sollten detailliert beschrieben und dokumentiert werden.
- Die Auditoren sollten von ihrer Qualifikation und ihren Eigenschaften her der Auditaufgabe gewachsen sein.
- Das Management sollte die Auditierung aktiv unterstützen, damit die Auditoren alle benötigten Informationen erhalten und die Umsetzung der Verbesserungsmaßnahmen sichergestellt wird.
- Es sollten geeignete Checklisten ausgearbeitet und die Ergebnisse in einem Auditbericht dokumentiert werden.
- Die operativen Ziele des Unternehmens müssen für die auditierten Führungskräfte und Bereiche klar vereinbart sein.
- Es ist eine regelmäßige Auditierung der Lieferanten erforderlich, um ein gleichbleibend hohes Qualitätsniveau zu gewährleisten.
- Die drei Auditarten sollten unter Wirtschaftlichkeitsgesichtspunkten integriert durch das gleiche Audit-Team durchgeführt werden.

Problematisch bei einer externen Auditierung kann sein, dass der Abnehmer zwangsläufig Einblicke in das Know-how eines Lieferanten und seine Entwicklungs- und Fertigungsprozesse erhält. Ein Lieferant könnte aus Geheimhaltungsgründen einer Auditierung nur in einem eingeschränkten Umfang zustimmen oder diese aber ganz verweigern, da er befürchtet, dass sich der Abnehmer sein Wissen zunutze macht. Andererseits steht der Lieferant dann vor dem Problem, möglicherweise auf diesen Abnehmer verzichten zu müssen, wenn dieser auf eine Auditierung besteht. Auf Seiten des Abnehmers wird es dann problematisch, wenn bei „Zulieferunternehmen nach Ankündigung einer Auditierung Aktivitäten unternommen werden, um den Anforderungen zu entsprechen, diese Aktivitäten jedoch später nicht beibehalten werden“ (Wildemann 1993, S. 189).

Im optimalen Fall basiert der Vorgang der externen Auditierung auf Vertrauen und Partnerschaft zwischen Abnehmer und Lieferant, um das gemeinsame Ziel hoher Produktqualität zu erreichen, und „führt zu einem verbesserten Image des Zulieferers bei seinen Abnehmern und zu genaueren Kenntnissen über seine Leistungsfähigkeit“ (Wildemann 1993, S. 187).

Kann sich der Abnehmer hinsichtlich der Qualitätsfähigkeit, Mengen- und Termintreue auf einen Lieferanten verlassen, so dass man auf eine weitere Auditierung verzichten bzw. eine Selbstbeurteilung des Lieferanten in Form einer internen Auditierung akzeptieren kann, ist es möglich, auf zeit- und kostenintensive Qualitätskontroll- und Wareneingangsaktivitäten zu verzichten, d. h., „es kann produktionssynchron ohne zwischengeschaltete Prüfungen in das Lager oder die Produktion des Abnehmers geliefert werden“ (Wildemann 1993, S. 187).

Auftrags- und Kapazitätsbörsen

Hintergrund

Vor dem Hintergrund der zunehmenden Anforderungen hinsichtlich Flexibilisierung gewinnt die Verfügbarkeit von Maschinenkapazitäten bei gleichzeitiger Kapazitätsauslastung zunehmend an Bedeutung. Für die Herstellung neuer, innovativer Produkte sind geeignete Maschinen sowie qualifiziertes Bedienpersonal erforderlich. Da die Produkte aber zunehmend komplexer und die Maschinen und Anlagen aufwändiger und teurer werden, besteht das Risiko der Fehlinvestitionen bzw. nicht genutzter Kapazitäten. Deswegen sind Unternehmen angehalten, Kooperationen mit anderen Unternehmen einzugehen, um ihre Ziele hinsichtlich der Marktstellung erreichen oder sogar übertreffen zu können.

In Anbetracht der Flexibilisierung von Produktionskapazitäten werden diese Kooperationen durch eine Vielzahl elektronischer Plattformen unterstützt, die die überbetriebliche Zusammenarbeit und damit die Erreichung dieser Ziele fördern. Hierzu zählen auch die Auftrags- und Kapazitätsbörsen, die sich den marktartigen Handel und die anschließende Abwicklung von Produktionsaufträgen und Kapazitätsreservierungen auf die Fahne geschrieben haben.

Konzept

Eine *Auftrags- und Kapazitätsbörse* lässt sich als elektronischer Markt definieren, auf dem freie Kapazitäten und Produktionsaufträge ausgetauscht werden. Der Schwerpunkt liegt hierbei auf dem Austausch von Produktionsleistungen zwischen einem Hersteller und seinem Fremdfertiger (Auftragsproduzent bzw. verlängerte Werkbank) oder seinem Lieferanten. Dabei wird ein unternehmensübergreifender Abgleich der Produktionskapazitäten angestrebt. Auftrags- und Kapazitätsbörsen unterstützen das Prinzip der *atmenden Fabrik*, da die Unternehmen sich mit ihrer Hilfe flexibel den Absatzschwankungen anpassen können.

Mit der Bereitstellung einer internetbasierten Börsenplattform zum gezielten Austausch von Angeboten an und Nachfragen nach freien Maschinenkapazitäten können Unternehmen nach Aussage der Anbieter dieser Plattformen ihre Wettbewerbsfähigkeit ausbauen, denn:

- Durch die Reduzierung der Stillstandskosten werden die Produktionskosten gesenkt
- Das Eingehen strategischer Kooperationen der Unternehmen untereinander hilft, neue Märkte zu erschließen und bestehende auszubauen
- Die Investitionsbereitschaft der Unternehmen wird aufgrund der sich bietenden Möglichkeit der Risikoteilung gesteigert
- Innovative Produkte werden entwickelt und produziert

Die Branchen, die von solchen Auftrags- und Kapazitätsbörsen Gebrauch machen, sind derzeit der Maschinen-, Anlagen- und Fahrzeugbau sowie die gesamte verarbeitende Industrie. Dabei sind mittelständische Unternehmen die überwiegenden Zielgruppen solcher Börsen.

Unter dem Begriff Auftrags- und Kapazitätsbörse können durchaus verschiedene Geschäftsmodelle verfolgt werden. Zum einen sind es die so genannten Kontaktvermittler. Sie stellen ein Online-Formular zur Eintragung von Kapazitätsangeboten und -gesuchen bereit, während im Hintergrund eine Datenbank mit einer Suchfunktion läuft, die dem Teilnehmer Informationen über die in Frage kommenden Unternehmen und deren Maschinenpark liefert. Technische und geschäftliche Verhandlungen laufen auf dem konventionellen Weg über Telefon oder Papier. Die Nutzungsentgelte fallen für jedes Mitglied in Form einer fixen Jahresgebühr an.

Ein anderes Geschäftsmodell verfolgen die *Online-Auftragsmakler*. Diese bieten über die Funktionalitäten des Kontaktvermittlers hinaus noch die Möglichkeit der Online-Verhandlung. Damit wird bezweckt, dass die Firmen die Geschäfte über den Marktplatz verhandeln und abschließen können. Über die Jahresgebühr hinaus werden hier Entgelte abhängig vom Transaktionsvolumen erhoben.

Ein drittes Geschäftsmodell verfolgen die *Offline-Auftragsmakler*. Meist handelt es sich hierbei um Produktions-Consultants, die Kontakte zu Produktionsbetrieben und Auftragsproduzenten pflegen. Auf diesen „Marktplätzen" existiert keine mit einer Suchfunktion ausgestattete Firmendatenbank. Vielmehr meldet der Nachfrager seine Gesuche per E-Mail an den Makler, der diese dann persönlich an den passenden Produktionspartner weitervermittelt. Hier werden Erfolgshonorare erhoben.

Bewertung

Das Interesse der Unternehmen an Auftrags- und Kapazitätsbörsen als Informations- und Vermittlungsmedium wächst. Mit Hilfe der Internetplattform gewinnen die Unternehmen die Fähigkeit, mit ihrer Geschäftsumgebung besser umzugehen. Kapazitäten und Fähigkeiten können effizienter eingesetzt und Marktchancen besser genutzt werden. Durch Kapazitätsbörsen sollen darüber hinaus Möglichkeiten für kleinere Unternehmen geschaffen werden, auch solche Aufträge annehmen zu können, die ihre eigenen Produktionskapazitäten übersteigen oder durch die die eigenen technologischen Möglichkeiten ergänzt und erweitert werden.

Kritisch anzumerken ist bei Auftrags- und Kapazitätsbörsen, dass sie keine Lösung für konjunkturbedingte Bedarfsschwankungen anbieten. Kapazitätsengpässe in einer Phase der Hochkonjunktur bestehen schließlich bei allen Teilnehmern dieser Börsen und können deswegen auch nur schwer ausgeglichen werden. Spiegelbildlich ist die Situation in den Zeiten schwacher Konjunktur – hier bieten alle Mitglieder dieser Börsen freie Kapazitäten an. Darüber hinaus scheinen Auftrags- und Kapazitätsbörsen zwar die Kontaktaufnahme und die erstmalige Anbahnung von Geschäften zwischen zwei produzierenden Unternehmen zu erleichtern, haben sich die Partner aber einmal gefunden, so besteht für diese keine Veranlassung, einen erneuten Geschäftskontakt wieder über die Börse laufen zu lassen. Außerdem stellt sich die Frage, inwieweit diese Börsen in einer Zukunft noch Bestand haben werden, in der *ERP-Systeme* beginnen, unternehmensübergreifend zusammenzuwachsen und somit die Rolle der Auftrags- und Kapazitätsbörsen einzunehmen.

Autonomation

Hintergrund

Die Idee der *Autonomation* geht auf die Erfindung des so genannten *selbsttätig reagierenden Webstuhls* von Toyoda Sakichi (1867-1930) zurück, seines Zeichens Gründer der Toyota Motor Company. Das Besondere an diesem Webstuhl war, dass er sofort anhielt, sobald einer der Kett- und Schussfäden zerriss. „Weil in der Maschine ein Gerät eingebaut war, das zwischen normalen und anormalen Bedingungen unterscheiden konnte, wurden keine defekten Produkte hergestellt" (Ohno 1993, S. 33).

Die Autonomation gilt neben dem *Just-in-Time*-Konzept als eine der beiden Hauptsäulen zur Umsetzung des Toyota-Produktionssystems, dessen Grundgedanke auf der völligen Beseitigung der Verschwendung liegt.

Konzept

Autonomation „bedeutet die Übertragung menschlicher Intelligenz auf eine Maschine" (Ohno 1993, S. 150). Im Zusammenhang mit Autonomation wird daher auch von einer *Automation mit menschlichen Zügen* gesprochen.

So werden die Maschinen in einer Produktionsstätte mit einem Prüfsystem ausgestattet, das die Herstellung defekter Teile autonom, also selbsttätig, verhindern soll, indem die Maschine während eines Produktionsprozesses dann stoppt, wenn Probleme eintreten, die zu fehlerhaften Produkten führen würden, wenn der Prozess abgeschlossen ist. Der nach Ohno „revolutionäre Durchbruch im Produktionssystem" (Imai 2002, S. 151) führt dazu, dass die Aufgabenschwerpunkte der Maschinenbediener in der Behebung von Maschinenstörungen sowie in der Instandhaltung liegen, d. h., sie werden nur dann benötigt, wenn Unregelmäßigkeiten auftreten. Solange die Maschinen störungsfrei arbeiten, ist es möglich, auf sie zu verzichten. Demnach kann nach Ansicht Ohnos davon ausgegangen werden, dass nicht mehr ein Mitarbeiter pro Maschine eingesetzt werden muss, sondern ein Mitarbeiter in der Lage sein sollte, mehrere Maschinen gleichzeitig zu betreuen. Dies hat zur Folge, dass weniger Arbeitskräfte benötigt werden, so dass die Fertigungslohnkosten sinken und die Produktivität steigt.

Bewertung

Die Autonomation stellt auftretende Fehler quasi unter Quarantäne – ihre weitere Ausbreitung wird gestoppt. Sie ist damit ein sehr wirksames Mittel, Fehlerkosten zu begrenzen. Im Zusammenwirken mit den Techniken der Fehleranalyse trägt die Automonation dazu bei, Fehlerursachen nachhaltig zu beseitigen und den Weg zu einer 0-Fehler-Produktion zu ebnen. Bei Betriebsstörungen „müssen immer Gegenmaßnahmen ergriffen werden, um eine Wiederholung auszuschließen" (Ohno 1993, S. 34).

Im Rahmen der Autonomation ist es unbedingt erforderlich, den Unterschied zwischen normalem und anormalem Betrieb einer Maschine im Vorhinein eindeutig festzulegen. Dies setzt nichts Geringeres voraus, als in der Produktion Standards zu setzen und nach diesen zu arbeiten.

Die Autonomation setzt außerdem eine „signifikante Ausweitung der Verantwortlichkeit und der Fertigkeiten von Arbeitern" (Imai 2002, S. 151) voraus, denn sie müssen in der Lage sein, mehrere Maschinen parallel zu bedienen sowie Störungen an ihnen zu beheben. „Die Mehrfachmaschinenbedienung ist (…) in der Regel mit zusätzlicher Aus- bzw. Weiterbildung des Personals verbunden. Sie erleichtert die Zuordnung von Mensch und Maschine erheblich, scheitert jedoch an der häufig unzureichenden Bereitschaft des Personals zum Arbeitsplatzwechsel." In solchen Fällen werden motivatorische Maßnahmen durch die Führungskräfte notwendig sowie Informationen darüber, „dass eine solche Arbeitsorganisation mit dazu beitragen kann, einen interessanten und zukunftsträchtigen Arbeitsplatz zu gestalten" (Wildemann 1992, S. 29 f.).

Best Practice

Hintergrund

Um den Anforderungen, die eine dynamische Umwelt mit sich bringt, gerecht zu werden, ist es notwendig, die Leistungsstärke der aktuellen betrieblichen Prozesse und Methoden fortlaufend zu hinterfragen und durch einen permanenten Vergleich mit Dritten zu überprüfen.

„*Benchmarking* ist ein kontinuierlicher Prozess, bei dem Produkte, Dienstleistungen und insbesondere Prozesse und Methoden betrieblicher Funktionen über mehrere Unternehmen hinweg verglichen werden. Dabei sollen die Unterschiede zu anderen Unternehmen offen gelegt, die Ursachen für die Unterschiede und Möglichkeiten zur Verbesserung aufgezeigt sowie wettbewerbsorientierte Zielvorgaben ermittelt werden. Der Vergleich findet dabei mit Unternehmen statt, die die zu untersuchende Methode oder den Prozess hervorragend beherrschen" (Herter 1992, entnommen aus Horváth 1994, S. 585).

Prozesse und Methoden sollen durch ein Benchmarking dahingehend optimiert werden, dass ein Unternehmen auch weiterhin wettbewerbsfähig bleibt bzw. seinen Marktanteil sogar steigern kann sowie seinen wirtschaftlichen Erfolg. Allerdings begnügen sich viele Unternehmen nicht damit, Benchmarking mit irgendwelchen Unternehmen als Vergleichspartner durchzuführen, sondern möglichst mit denjenigen, die über *Best Practices* verfügen, getreu dem Motto: *Lernen von den Besten!*

Konzept

Best Practices sind die tatsächlichen Bestleistungen hinsichtlich eines bestimmten Benchmarking-Objekts, die innerhalb (Best in Class) und außerhalb der eigenen Branche identifiziert worden sind. Sie sind angestrebte Referenzgrößen für den Vergleich mit den eigenen Praktiken und werden in angepasster Form im eigenen Unternehmen implementiert (Heindl 1999, S. 38).

Die Umsetzung eines Benchmarkings in Bezug auf Best Practices kann in folgenden Schritten ablaufen:

- „Die Identifizierung der Best Practices,
- die Analyse der Best Practices,
- die Implementierung der Best Practices" (Heindl 1999, S. 39).

1. Identifizierung

Am Anfang eines Benchmarkings steht die Auswahl des Benchmarking-Objektes und des Vergleichspartners. Die Auswahl des Benchmarking-Objektes (Produkte, Dienstleistungen, Prozesse und Methoden) erfolgt vor dem Hintergrund von übergeordneten, strategischen Unternehmenszielen (z. B. Steigerung des Marktanteils). Im Anschluss daran werden Leistungsbeurteilungsgrößen (Kosten, Lieferzeiten, Ausschussquoten etc.) festgelegt, um die Leistungsfähigkeit des/der Vergleichspartner(s) beurteilen zu können.

„Nach der Urtheorie des Benchmarkings ist es bei der Auswahl des Vergleichspartners möglich, den Branchenbesten (*Best in Class*) bzw. den Prozessbesten (*Best in Process*) eindeutig zu identifizieren" (Heindl 1999, S. 39). Nach Horváth sollte man sich auf wenige oder nur einen Vergleichspartner konzentrieren, was in Anbetracht der Vielzahl der Daten, die erhoben werden müssen, sicherlich auch als sinnvoll anzusehen ist. Die Daten werden in der Regel zunächst aus „sekundären Informationsquellen wie Firmenpublikationen, Tagungen oder Verbänden“ (Horváth 1994, S. 591) ermittelt. Diese reichen üblicherweise auch aus. „Die Möglichkeit zur Erhebung von Primärinformationen hängt hingegen im Wesentlichen von der Wahl des Benchmarkingpartners ab“ (Horváth 2002, S. 591). Es ist sehr unwahrscheinlich, dass ein unmittelbarer Konkurrent, der gleichzeitig auch Branchenbester ist, bereitwillig Informationen aus erster Hand weitergibt, „da es dem Wettbewerber durch die Identifizierung der Ursachen der Wettbewerbsvorteile die Möglichkeit einräumen würde, seine Wettbewerbsstellung zum Nachteil des Best-Unternehmens zu verbessern“ (Heindl 1999, S. 41). „Ist der Benchmarkingpartner hingegen ein Unternehmen aus einer anderen Branche oder aus einem anderen Geschäftsbereich, wird die Bereitschaft zu einem wechselseitigen Austausch sehr viel größer sein“ (Horváth 1994, S. 592).

2. Analyse

In der Analysephase werden zunächst die aus den Informationsquellen ermittelten Daten analysiert. Im Anschluss daran werden die gegenwärtigen Leistungsunterschiede zum Best Practice-Unternehmen herausgearbeitet sowie deren Entwicklung in der Zukunft prognostiziert und nach deren jeweiligen Ursachen geforscht. „Bei der Ursachenanalyse für die Leistungslücke ist insbesondere zu berücksichtigen, inwieweit die spezielle Situation der Unternehmen eine Vergleichbarkeit und Übertragbarkeit der Methoden und Prozesse erschwert oder verhindert“ (Horvarth 1999, S. 592).

3. Implementierung

In der Implementierungs- bzw. Umsetzungsphase werden „Ziele und Strategien sowie Aktionspläne zur Schließung der Leistungslücke“ (Horváth 1994, S. 592) festgelegt. „Bei der Gestaltung der Aktionspläne ist darauf zu achten, dass Meilensteine bzw. Entwicklungspfade für die Leistungsbeurteilungsgrößen und klare Verantwortlichkeiten festgelegt werden, um den Fortschritt der Implementierung in den folgenden Phasen regelmäßig überwachen und gegebenenfalls Gegenmaßnahmen einleiten zu können“ (Horváth 1994, S. 592).

Bewertung

Zur Identifizierung der Best Practices muss eine Vielzahl von Daten erhoben werden. Abgesehen davon, dass dieses Vorgehen sehr zeit- und kostenintensiv ist: Woher soll ein Unternehmen wissen, ob es überhaupt die Best Practices ermittelt hat? Es könnte schließlich irgendwo auf der Welt noch bessere geben. „Hier fehlt es oft an Indikatoren und Hilfsmitteln zur Identifizierung des Besten“ (Heindl 1999, S. 39). Es wäre daher eigentlich sinnvoller, nicht den Begriff *Best Practices* zu verwenden, sondern stattdessen *Better Practices*.

In diesem Zusammenhang helfen Wettbewerbe, in denen sich Unternehmen um eine Auszeichnung für herausragende Produktionsleistungen bewerben. In vielen Fällen ist die eigentliche Antriebsfeder für eine Teilnahme nicht der Preis selber, sondern die Möglichkeit, sich mit anderen zu vergleichen und Best Practice in Augenschein zu nehmen.

Vor dem Hintergrund der Schlanken Produktion ist allerdings kritisch anzumerken, dass eine einseitige Fixierung auf die Leistung anderer nicht unbedingt zielführend ist. Im Extremfall werden dadurch die eigene Innovationsfähigkeit und Kreativität blockiert. Darüber hinaus ist es im Sinne der kontinuierlichen Verbesserung der eigenen Prozesse für den Lean Production Manager nicht so wichtig, ob er morgen besser ist als Dritte, sondern ob er morgen besser ist, als er selber gestern noch war.

Betreibermodelle

Hintergrund

Im Maschinen- und Anlagenbau reicht es heutzutage oftmals nicht mehr aus, technisch und qualitativ hochwertige Produkte anzubieten. Zur erfolgreichen Differenzierung von Wettbewerbern kommt es auch verstärkt darauf an, neben dem exzellenten Produkt auch einen hervorragenden Service zu leisten. Parallel zu dieser Entwicklung sehen sich viele Produzenten einem immer größeren Investitionsrisiko ausgesetzt. An diesem Punkt setzen so genannte *Betreibermodelle* an.

Konzept

Die Grundidee des Betreibermodells liegt darin, dass eine Betreibergesellschaft im Auftrag eines Kunden eine Anlage plant, errichtet und schließlich auch betreibt. An die Stelle der Investition bzw. der Entrichtung eines Kaufpreises an den Anlagenbauer tritt dann die Entrichtung einer nutzungsabhängigen Gebühr.

Im Zusammenhang mit Betreibermodellen wird unter einem *Konzessionsgeber* das auftraggebende Unternehmen und unter einem *Konzessionsnehmer* der Anlagenbetreiber verstanden.

Konsortialpartner sind die beteiligten Unternehmen dieses nicht selten kapital- und risikointensiven Geschäfts, die während der Laufzeit des Projekts unternehmerisch zusammenarbeiten.

Damit kommt es auf beiden Seiten zu Verlagerungen der Verantwortungen. Der Grad der Verantwortung des Anlagenbauers in seiner Rolle als Konzessionsnehmer bzw. Betreiber kann sehr stark variieren. Er reicht von der Übernahme des technischen Risikos einer Anlage (z. B. Sicherstellung der Verfügbarkeit) oder des Produktrisikos (z. B. Gewährleistung der Qualität der auf der Anlage hergestellten Produkte) bis hin zur Übernahme des vollständigen Marktrisikos (z. B. Absatz der produzierten Produkte).

Am Ende der Vertragslaufzeit wird die Anlage entweder an den eigentlichen Produzenten (Konzessionsgeber) übergeben oder demontiert. Mittels Pay-on-Production, also der Vergütung des Betreibers nach Gutstückzahl, refinanziert sich der Betreiber über die Zahl der gefertigten Endprodukte. Somit ist die Höhe seiner Einnahmen stets von den Absatzzahlen abhängig.

Zu den wichtigsten Leistungen des Betreibers gehören:

- Die Projektplanung, -steuerung und -koordination
- Betrieb, Kontrolle und Inspektion der Anlagen
- Mängelbeseitigungsmaßnahmen
- Wartung der Anlagen, Reparatur-, Instandhaltungs-, Instandsetzungs-, Sanierungs- und Ersatzmaßnahmen
- Erweiterungs- und Modernisierungsmaßnahmen
- Bereitschaftsdienst für Störungen (Sicherstellung der Verfügbarkeit)
- Wahrung und Durchsetzung der Eigentumsrechte der Betreibergesellschaft
- Die ordnungsgemäße Versicherung

Der für den Produzenten wohl entscheidende Faktor, sich für ein Betreibermodell auszusprechen, ist die Kostenreduktion. Zudem bieten Betreibermodelle eine Chance, die Amortisation der Entwicklungs- und Investitionskosten in einem überschaubaren Zeitfenster zu halten. Es wird teilweise auf Personal der Betreiberfirma zurückgegriffen, das im Vergleich zum Personal des Kunden ein weitaus höheres Maß an Erfahrung und Kompetenz im Umgang mit den Maschinen hat.

Wichtig bei der Einführung eines Betreibermodells ist, zuerst die Ziele wie z. B. eine hohe Verfügbarkeit oder eine minimale Anlagenabnutzung festzulegen und diese anschließend im Anlagenbetrieb auf die Betreibergesellschaft zu übertragen. Hier kann durch das Einfließen von Know-how in die Betreibergesellschaft eine wesentliche Potenzialquelle entstehen, was in einer Verlagerung des Verantwortungsbereichs des Unternehmens in die Betreibergesellschaft resultiert. Durch den Übergang der Verantwortung wird die Betreibergesellschaft gleichzeitig animiert, über die Vertragslaufzeit hinweg die bestmöglichen Lösungen zu realisieren. Der Betrachtung des gesamten Anlagenlebenszyklus kommt im Hinblick auf den Erfolg des Betreibermodells eine ebenso entscheidende Bedeutung zu. Dabei liegt der Schwerpunkt des Anlagenmanagements auf der Funktion des technischbetriebswirtschaftlichen Betreibens von Anlagen.

Bewertung

Mit der Implementierung eines Betreibermodells geht das konzessionsgebende Unternehmen mit der Betreibergesellschaft eine langfristige Wertschöpfungspartnerschaft ein, die hohes Einsparpotenzial verspricht. Statt Kapital in Anlagevermögen zu binden, werden Produktionsaufträge an Zulieferer vergeben, die die Anlagen auf eigene Kosten im Hause des Auftraggebers errichten. Dieser gewinnt gleich in zweierlei Hinsicht: Kapital wird für andere Investitionen freigesetzt und er beteiligt den Zulieferer am Marktrisiko. Verkauft sich ein Produkt schlecht und der Hersteller fährt die Produktion zurück, verringert sich automatisch auch der Umsatz des Zulieferers.

Das Betreibermodell in Verbindung mit dem *Pay-on-Production*-Prinzip ist für den Betreiber deswegen aber auch mit höheren Risiken und einer höheren Verantwortung bei mangelhafter Qualität und Störfällen verbunden als bei konventionellen Konzepten; schließlich ist er direkt am Umsatzrisiko des Abnehmers beteiligt. Dies kann im schlimmsten Fall sogar die gesamte Existenz des Unternehmens gefährden. Gleichzeitig muss er ein höheres Investitionsvolumen bereitstellen als im Falle der klassischen Strukturen, da er sein Entgelt nicht sofort nach erbrachter Leistung erhält, sondern sich erst im Laufe der Zeit über Pay-on-Production refinanziert. Der Konzessionsnehmer ist nicht selten das wirtschaftlich schwächere Unternehmen. Aus diesem Grund sollten sich Anlagenbauer auch erst zu einem solchen Angebot entschließen, wenn sie mit anderen produktbegleitenden Dienstleistungen bereits breite Erfahrungen sammeln konnten und das Instrumentarium zur Beherrschung derartiger Leistungen entwickelt haben.

Trotz dieser Risiken sind Betreibermodelle eine Geschäftsidee, die zunehmende Verbreitung findet, teilweise ist ein Betreibermodell sogar notwendige Voraussetzung für den Anlagenbauer, überhaupt ins Geschäft mit Produzenten zu kommen. Spiegelbildlich zeigt sich, dass durch die Einbeziehung Dritter in die unternehmerische Leistungserstellung das Management zum Umdenken gezwungen wird und die Kooperation mit einem Konzessionsnehmer an die Stelle von Beherrschung eines Lieferanten tritt. Betreibermodelle setzen bei allen Beteiligten vor allem das Lösen mentaler Sperren voraus.

Bullwhip-Effekt

Hintergrund

Wettbewerb entscheidet sich heutzutage nicht mehr zunehmend zwischen einzelnen Unternehmen, sondern zwischen ganzen Wertschöpfungsketten. Zur Einnahme einer Marktführerschaft und erhöhter Wettbewerbsfähigkeit ist ein Management der gesamten *Supply Chain* erforderlich. Durch Unternehmenskooperationen entlang der Supply Chain vom Rohmaterial bis zum Endkunden können strategische Vorteile erzielt werden. Ziel ist es, einen zusätzlichen Nutzen und geringere Gesamtkosten zu erreichen mit einer hohen Flexibilität gegenüber inhomogenen Kundenbedürfnissen.

In diesem Zusammenhang entdeckte Forrester den *Bullwhip-Effekt* (*dt.: Stierpeitscheneffekt*) schon Ende der fünfziger Jahre, als er die industriellen Nachfrageschwankungen untersuchte. Der Effekt wird seitdem auch *Forrester-Effekt* genannt (Lödding 2005, S. 109).

Der Bullwhip-Effekt beschreibt das Phänomen, dass sich Nachfrageschwankungen in Lieferketten verstärken. Diese Verstärkung ist umso größer, je weiter die Partner einer Lieferkette vom Endkunden entfernt sind. In einer Lieferkette, die aus Kunden, einem Endproduzenten, einem Lieferanten und einem Unterlieferanten besteht, erfährt der Endproduzent die niedrigsten Nachfrageschwankungen und der Unterlieferant die höchsten.

Durch den Bullwhip-Effekt kommt es in der Supply Chain zu einer Reihe von Problemen, die vor allem in einer ungleichmäßigen Kapazitätsauslastung und im Aufbau von hohen, zwischenbetrieblichen Lagerbeständen zu sehen sind. Dies resultiert aus dem Vorhaben, trotz großer Nachfrageschwankungen die Nachfrage immer befriedigen zu können.

Das hat zur Folge, dass höhere Kapazitäts- und Lagerkosten als bei der gleichmäßigen Auslastung entstehen. Die so entstandenen erhöhten Kosten beeinträchtigen die Wettbewerbsfähigkeit der Supply Chain. Ziel muss es also sein, den Bullwhip-Effekt so gering wie möglich zu halten.

Ursachen

Ursachen für den Bullwhip-Effekt sind im Allgemeinen:

- Unsichere Nachfrageprognosen
- Losbildung bei Bestellungen

- Preisfluktuation
- Kundenverhalten bei Nachfrageüberhängen

Unsichere Nachfrageprognosen

Eine der Hauptursachen für den Bullwhip-Effekt ist die ungenügende Übermittlung von Prognosen über die Nachfrageentwicklung. Man spricht auch von einer verzögerten und verzerrten Signalweitergabe, wie bei dem Kinderspiel Stille Post und von so genannten *Informations-Asymmetrien*, da der Abnehmer jeweils über genauere und aktuellere Informationen verfügt als der Lieferant. Wenn ein Kunde bei seinem Zulieferer eine bestimmte Menge an Produkten bestellt, dann schließt diese Bestellung häufig auch Sicherheitsbestände ein, die die Unsicherheit der eigenen Nachfrageprognose abdecken sollen.

Allerdings könnte die Unsicherheit der Nachfrageprognose des Produzenten verringert werden, wenn ihm die Nachfrageprognosen seiner Kunden bekannt wären. Dies würde dann wiederum dazu führen, dass der Produzent die Sicherheitsbestände in seiner Bestellung an den Lieferanten reduzieren könnte.

Der Produzent könnte weiterhin die Nachfrageprognosen an den Zulieferer weitergeben, um deren Nachfrageprognosen zu verbessern. Zwischen-betriebliche Sicherheitsbestände würden durch eine verbesserte Kommunikation in der Supply Chain erheblich gesenkt.

Losbildung bei Bestellungen

Gemeint ist hier die Bestellmengenplanung, bei der üblicherweise mehrere Bestellungen von einem Unternehmen zusammengefasst werden, um Bestellkosten zu senken und Transportmittel besser auszulasten. Durch diese so genannte Losbildung kommt es für den Zulieferbetrieb zu einer Unregelmäßigkeit der Nachfrage, da die Bestellungen des Unternehmens sporadisch eintreffen. Eine Möglichkeit, dem Bullwhip-Effekt entgegenzusteuern, besteht in der Reduzierung von Losgrößen. Dies ist aber wirtschaftlich nur umsetzbar, wenn die Kosten für einzelne Produktions- und Bestellvorgänge reduziert werden können.

Preisfluktuation

Durch verkaufsfördernde Maßnahmen, wie z. B. periodische Werbeaktionen, kommt es im Handel zu Preisfluktuationen. Die Kunden kaufen dann nicht die Mengen ein, die sie unmittelbar benötigen, sondern größere Mengen, um sie teilweise für zukünftige Bedürfnisse zu lagern. Die Nachfrage der Kunden wird dadurch unregelmäßig, der bekannte Effekt tritt ein.

Nachfrageüberhänge

Wenn die Nachfrage nach einem Produkt das Angebot übersteigt, werden Kundenbestellungen oft im Verhältnis von Gesamtangebot zu Gesamtnachfrage befriedigt. Beim nächsten Nachfrageüberhang bestellen die Kunden entsprechend mehr, als sie benötigen, wodurch der Nachfrageüberhang noch verstärkt wird. Sobald die wahre Nachfrage gedeckt ist, wird die Bestellung durch den Kunden revidiert, und es entstehen Lagerbestände in der Supply Chain.

Bewertung

Der Bullwhip-Effekt deckt inflexible Strukturen gnadenlos auf. Losbildung, Störungen in der Lieferkette und verzögerte Informationsweitergabe forcieren den Effekt. Sich aufschaukelnde Bedarfe werden gefolgt von abrupten Stornierungen. Das was als Marktschwankung gedeutet wird ist oftmals hausgemacht. Nicht wenige Experten sind sogar der Auffassung, dass der Bullwhip-Effekt eine wesentliche Ursache für Konjunkturschwankungen darstellt. Der Bullwhip-Effekt lässt sich nur mit einer flexiblen, robusten, auf den Kunden ausgerichteten Produktion sowie einer schnellen Informationsweitergabe innerhalb der Wertschöpfungskette vermindern.

Business Process Reengineering

Hintergrund

Für Unternehmen ist es in der Regel erstrebenswert, eine Organisation zu schaffen, „die flexibel genug ist, um sich an rasche Veränderungen der Marktbedingungen anzupassen, schlank genug, um alle Konkurrenten im Preis zu schlagen, innovativ genug, um Produkte und Dienstleistungen technisch auf dem neuesten Stand zu halten, und engagiert genug, um ein Maximum an Qualität und Kundenservice zu bieten“ (Hammer, Champy 1994, S. 18). Diese Bestrebungen stellen jedoch bei der Betrachtung der Unternehmenswirklichkeit in vielen Fällen mehr ein Wunschdenken dar. In der Praxis sind „viele Unternehmen aufgebläht, unbeweglich, starr, träge, nicht wettbewerbsfähig, unkreativ und ineffizient, unbekümmert gegenüber den Kundenwünschen und unprofitabel" (Hammer, Champy 1994, S. 18). „Dies liegt in der Art und Weise, wie diese Unternehmen ihre Arbeit verrichten und warum sie es so machen" (Hammer, Champy 1994, S. 18).

Aufgrund der Wettbewerbssituation, die heutzutage in vielen Branchen vorherrscht, reicht es unter Umständen nicht mehr aus, lediglich kleine Verbesserungen der eigenen Arbeitsweise vorzunehmen, auch wenn dies ein permanenter Prozess im Unternehmen sein sollte. Es kann vielmehr erforderlich sein, bewährte Arbeitsweisen ganz zu verbannen und durch neue zu ersetzen, denn „fortschrittliche Technologien, der Abbau von Grenzen zwischen nationalen Märkten und die veränderten Erwartungen der Kunden, denen heute mehr Alternativen offen stehen als jemals zuvor, haben insgesamt dazu geführt, dass die Ziele, Vorgehensweisen und grundlegenden Organisationsprinzipien der klassischen Unternehmen heute (...) überholt sind" (Hammer, Champy 1994, S. 23).

Business Process Reengineering – oder einfach nur *Business Reengineering* – stellt einen Ansatz dar, der helfen soll, „altbekannte Vorgehensweisen aufzugeben und die Arbeit, die in den Produkten und Dienstleistungen eines Unternehmens steckt, aus einem neuen Blickwinkel zu betrachten sowie dem Kunden einen neuen Wert zu bieten". Business Reengineering bedeutet, dass man sich folgende Frage stellt: „Wenn ich dieses Unternehmen heute mit meinem jetzigen Wissen und bei gegenwärtigem Stand der Technik neu gründen müsste, wie würde es dann aussehen" (Hammer, Champy 1994, S. 47).

Konzept

Business Reengineering wird definiert „als fundamentales Überdenken und radikales Redesign von Unternehmen und wesentlichen Unternehmensprozessen, das zu Verbesserungen um Größenordnungen in entscheidenden, heute wichtigen und messbaren Leistungsgrößen in den Bereichen Kosten, Qualität, Service und Zeit führt" (Hammer, Champy 1994, S. 67). Business Reengineering bezieht sich entsprechend auf einen Unternehmensprozess und ist im Ansatz fundamental, radikal, strebt Verbesserungen um Größenordnungen an und zielt auf Unternehmensprozesse (vgl. Hammer, Champy 1994, S. 49 ff.).

Schlüsselwort: fundamental

Beim Business Reengineering wird zunächst festgelegt, was ein Unternehmen tun muss, und erst dann, wie es dabei vorgehen sollte. Beim Business Reengineering wird nichts für selbstverständlich genommen. Es ignoriert, was ist, und konzentriert sich auf das, was sein sollte.

Schlüsselwort: radikal

Im Rahmen des Business Reengineerings bedeutet radikales Redesign die Entwicklung völlig neuer Wege, die Arbeit zu erledigen, unter Missachtung aller bestehenden Strukturen und

Verfahrensweisen. Beim Business Reengineering geht es um die völlige Neugestaltung des Unternehmens – nicht um eine Verbesserung, Erweiterung oder Modifizierung der Geschäftsabläufe.

Schlüsselwort: Verbesserungen um Größenordnungen

Beim Business Reengineering geht es nicht um geringfügige oder inkrementale Leistungsverbesserungen, sondern um große Sprünge. Business Reengineering sollte Fällen vorbehalten bleiben, in denen Strukturen und Verkrustungen aufzubrechen sind. Es verlangt im Kern die Zerstörung des Alten und den Aufbau von etwas Neuem.

Schlüsselwort: Unternehmensprozesse

Ein Unternehmensprozess ist ein Bündel von Aktivitäten, für das Input benötigt wird und das für den Kunden ein Ergebnis von Wert erzeugt. Viele Unternehmen arbeiten aber nicht prozessorientiert; sie richten ihr Augenmerk vielmehr lediglich auf Aufgaben, Positionen, Menschen und Strukturen.

Die Durchführung des Business Process Reengineerings kann in vier Phasen unterteilt werden, die nachfolgend kurz beschrieben werden (vgl. Kamiske, Brauer 2003, S. 267 ff.):

Phase 1: Auswahl eines Geschäftsprozesses

Der Reengineering-Prozess beginnt mit der Auswahl des Prozesses, der neu gestaltet werden soll. Dazu sind zunächst die grundlegenden Geschäfts- und Unternehmensprozesse im Sinne von Kernkompetenzen des Unternehmens zu identifizieren. Diese bestimmen sich in der Regel nicht nach Organisationseinheiten, sondern nach Tätigkeiten. Es stehen Prozesse zur Auswahl, die über eine bereits bekannte Fehlfunktion verfügen, eine besondere Bedeutung für das Unternehmen haben, deren Neugestaltung machbar ist oder mit hoher Wahrscheinlichkeit von Erfolg gekrönt sein würde.

Phase 2: Einarbeitung zum Verständnis des Prozesses

Der ausgewählte Prozess wird auf Funktion, Ablauf, Ergebnisse und Leistungskennzeichen untersucht sowie bewertet. Eine Einarbeitung findet statt, um die elementaren Aufgaben des Prozesses sowie die Anforderungen aus der Sicht der Kunden zu verstehen. Auf eine Analyse bis ins letzte Detail wird vor dem Hintergrund der angestrebten Neugestaltung allerdings verzichtet. Hierbei kann sich die Anwendung von Benchmarking zur Gewinnung neuer Perspektiven als hilfreich erweisen.

Phase 3: Prozessdesign (Neugestaltung)

Das Prozessdesign stellt den Kern des Reengineerings dar, der Prozess wird neu entworfen. Die radikale Neugestaltung eines Prozesses ist charakteristisch bei der Durchführung des Reengineerings. Der neue Prozess fasst mehrere Aufgaben in ihrer natürlichen Reihenfolge zusammen und sollte aus möglichst wenig verschiedenen Bearbeitungsschritten bestehen.

Phase 4: Implementierung des neu gestalteten Prozesses

In der vierten und damit letzten Phase wird der neu gestaltete Prozess implementiert. Da dieser eine fundamentale Änderung bedeutet, hat seine Einführung somit Auswirkungen auf nahezu alle Teilbereiche und Aspekte einer Organisation.

Bewertung

Jedes Unternehmen, das sich letztendlich für Business Reengineering entscheidet, muss sich im Klaren darüber sein, dass dieser Schritt einschneidende Veränderungen im gesamten Unternehmen nach sich zieht. Business Reengineering in kleinen, vorsichtigen Schritten ist nicht möglich.

Eine Reihe von Fehlern kann Business Reengineering im Unternehmen scheitern lassen (vgl. Hammer, Champy 1994, S. 261 ff.):

- Ein alter Prozess wird lediglich optimiert, statt diesen radikal zu redesignen.
- Es findet keine Fokussierung auf Unternehmensprozesse statt.
- Es besteht immer noch die Bereitschaft, sich mit minimalen Ergebnissen zufrieden zu geben.
- Die Implementierung des Business Reengineerings wird durch die derzeitige Unternehmenskultur und die Haltung des Managements behindert.
- Die Projektverantwortung wird auf einen Mitarbeiter übertragen, der nicht versteht, worum es beim Business Reengineering geht.
- Business Reengineering ist nur eines von vielen Unternehmenszielen.
- Es gibt keine klare Trennung von Business Reengineering und anderen Verbesserungsprogrammen im Unternehmen.
- Man konzentriert sich ausschließlich auf die Redesignphase.
- Es findet ein Rückzug bei Widerstand gegen die durch Business Reengineering hervorgerufenen Veränderungen statt.
- Das Projekt wird in die Länge gezogen.

Digitale Fabrik

Hintergrund

Die wachsenden Anforderungen des Marktes an die Produktion äußern sich unter anderem darin, dass neue Produkte deutlich schneller als früher zur Marktreife zu bringen sind. Die Konsequenzen hieraus sind verkürzte Zeiten für Produktentwicklung, tendenziell erhöhte Anlaufprobleme und das Risiko verminderter Erlöse bei verzögertem Markteintritt.

Aufwändige Planungsprozesse, hohe Kosten, immer wieder notwendige Änderungen bzw. Anpassungen der Produkt- und Prozessqualität während der Entwicklungsphase sind Probleme, denen in erster Linie Fertigungsunternehmen mit komplexen Produkten und Prozessen gegenüberstehen. Dazu zählen insbesondere Unternehmen aus dem Anlagen- und Maschinenbau, der Fahrzeug-, Flugzeug- und Elektronikindustrie.

Eine Technologie, die es möglich macht, diese Probleme zu lösen, ist die Digitale Fabrik. Im Vordergrund steht das generelle Ziel, die Zeit für den Markteintritt zu verkürzen bei gleichzeitig geringeren Kosten sowie besserer Produkt- und Prozessqualität.

Konzept

Der Begriff *Digitale Fabrik* steht für ein integriertes, digitales Modell eines Fertigungsbetriebes, in dem die Produkte, die Planungs- und die Produktionsvorgänge ohne Medienbruch abgebildet sind.

Ein bedeutendes Einsatzfeld der Digitalen Fabrik ist die Phase der Planung und Auslegung von Produktionsbereichen für neue Produkte. Dabei werden Anlagen und Fertigungsprozesse lange vor dem eigentlichen Produktionsstart in aufwändigen Simulationen unter Anwendung moderner Methoden und Software-Tools auf ihre Tauglichkeit für das neue Produkt getestet. Auf diese Weise wird sichergestellt, dass jeder Produktionsschritt fehlerfrei funktioniert – lange vor dem ersten physischen Modell des Produkts.

Wichtige Faktoren zur erfolgreichen Implementierung der Digitalen Fabrik sind die Standardisierung, die Automatisierung der Planung, das Prozess- und Änderungsmanagement sowie die Datenintegration.

Standardisierung

Anerkannte Methoden, Prozesse und Betriebsmittel sind so zu standardisieren, dass sie als mehrfach verwendbare Planungsbausteine zur Herstellung eines neuen Produkts oder eines Nachfolgemodells in einem neuen oder geänderten Prozess wieder eingesetzt werden können.

Automatisierung der Planung

Die Standardisierung bewährter Methoden, Prozesse und Betriebsmittel ist die Voraussetzung zur Realisierung der Automatisierung der Planung. Ziel ist es, Routinearbeiten in zunehmendem Maße von Software-Lösungen erledigen zu lassen.

Prozess- und Änderungsmanagement

Die Prozessbeteiligten führen sämtliche Planungen digital und vernetzt am Rechner durch. Dabei sind Änderungen z. B. am Produkt oder am Produktionslayout unverzüglich vorzunehmen – dies ist unverzichtbar, um die Verfügbarkeit und Konsistenz der Daten sicherzustellen.

Datenintegration

Sämtliche relevanten Daten sind konsistent und nur einmal von den beteiligten Bereichen in einer Datenbank zu erfassen und zu verwalten. Diese Daten befinden sich immer auf dem aktuellen Stand und stehen jedem Planer, aber zunehmend auch Zulieferern, Ausrüstern und Dienstleistern, zur Verfügung.

Bewertung

Vor dem Hintergrund steigender Rechnerleistung hat die Idee der Digitalen Fabrik in den letzten Jahren viel Rückenwind erfahren. Vorreiter ist einmal mehr die Automobilindustrie, die derzeit damit beginnt, auch ihre Lieferanten in das Konzept der digitalen Fabrik einzubinden. Es stellt nur noch eine Frage der Zeit dar, bis das Vorhandensein einer entsprechenden Hard- und Softwareumgebung für die Lieferanten notwendige Voraussetzung sein wird, um mit den Automobilproduzenten überhaupt ins Gespräch zu kommen oder im Gespräch zu bleiben. Trotz tendenziell sinkender IT-Kosten ist dennoch zu erwarten, dass dies für viele mittelständisch geprägte Zulieferbetriebe ein weiterer, aus der Zusammenarbeit mit der Automobilbranche resultierender und nicht zu unterschätzender Kostenfaktor sein wird.

Eine notwendige Voraussetzung dafür, dass das Konzept der Digitalen Fabrik wirklich greift, ist die Abbildung des im Unternehmen verteilten Engineering-Know-hows in Software. Dies bedeutet, dass Mitarbeiter angehalten sein werden, ihr Wissen preiszugeben und zu digitalisieren.

Eine weitere mögliche Folge der Digitalen Fabrik ist eine organisatorische Verschmelzung von Produktentwicklung und Produktions- beziehungsweise Montageplanung, die über das derzeit praktizierte Arbeiten in Entwicklungsteams hinausgeht.

Digital Mock-Up (DMU)

Hintergrund

Die Verkürzung der Produktentwicklungszeit bei gleichzeitig möglichst gering zu haltenden Entwicklungskosten stellt Unternehmen vor eine große Herausforderung. „Die Entwicklungszeit für neue, qualitativ hochwertige Produkte wird immer kürzer, um auf die Anforderungen der Märkte schneller reagieren zu können (*Time to Market*)" (Kamiske, Brauer 2003, S. 68).

Um Zeitvorteile zu erzielen, hat man seit jeher versucht, den Entwicklungsprozess durch Computer zu unterstützen. Dabei hat es sich als sinnvoll erwiesen, anstelle von realen Prototypen mit digitalen Modellen zu arbeiten. Solche digitalen Modelle werden als Digital Mock-Up bezeichnet.

Konzept

„Der englische Begriff *Mock-Up* bedeutet Nachbildung oder Modell. *Digital Mock-Ups* sind entsprechend rechnergenerierte (digitale) Modelle oder auch Simulationen, die Aussehen und/oder Funktionalitäten zu entwickelnder Produkte weitestgehend originalgetreu darstellen" (Kamiske, Brauer 2003, S. 67).

Ein Digital Mock-Up (DMU) – diese Bezeichnung wurde vor allem in der Automobil- und Luftfahrtindustrie geprägt – ist eine Weiterentwicklung der zeit- und kostenintensiveren Physical Mock-Ups (PMU) auf Basis von 3D-CAD-Daten und gilt als Mittel, den Prozess der Produktentwicklung effizienter zu gestalten.

Der Einsatz eines Simulations-Instrumentes wie DMU ermöglicht „neben der Reduktion der zeitlichen und monetären Aufwände eine höhere Produktqualität und verbesserte Absicherung“ (Kamiske, Brauer 2003, S. 68). So werden in einer Datenbank als Informationsaustauschmedium regelmäßig Produktinformationen abgelegt, damit alle anderen an der Produktentwicklung beteiligten Mitarbeiter auf neueste Informationen zugreifen können.

Diese Vorgehensweise ermöglicht – im Sinne von Simultaneous Engineering – eine stärkere Parallelisierung der Prozesse, so dass Produktoptimierungen früher als bisher vorgenommen oder Fehler am Modell vorzeitig erkannt werden können. Die Erprobung eines Physical Mock-Ups, also eines Prototyps bzw. Musterbaus eines späteren Produkts möglichst in Originalgröße, setzt später als bisher im Entwicklungsprozess ein. Da die Bauteile im DMU durch Berechnungs- und Simulationsverfahren sehr genau getestet worden sind, haben die physischen Bauteile zu Beginn ihrer Erprobung schon einen sehr hohen Reifegrad. Somit lässt sich die Entwicklungszeit eines Produktes und damit die Zeit, die es dauert, bis das Produkt auf den Markt kommt, deutlich verkürzen.

Bewertung

Die Anwendung von DMU in der Produktentwicklungsphase bedingt einen konsequenten Rechnereinsatz, um die Kosten für Physical Mock-Ups signifikant zu reduzieren. „Im Vordergrund steht jedoch der qualitative Aspekt durch frühzeitigen und fachbereichsübergreifenden Einsatz von Digital Mock-Ups zur geometrischen, funktionalen und produktionstechnischen Absicherung. So lassen sich frühzeitig aussagekräftige Ergebnisse, z. B. Montage- und Crashsimulationen, ohne Hardware-Absicherungen erreichen“ (Kamiske, Brauer 2003, S. 68).

Der Einsatz von DMU ist mit entsprechenden Kosten für Hard- und Software verbunden und erfordert darüber hinaus nicht selten eine Anpassung von Prozessen und Organisationsformen – die Fähigkeit der Mitarbeiter, in Teams oder dauerhaft zusammenzuarbeiten wird gefordert.

Flussorientierung

Hintergrund

Der logistischen Kompetenz wird ein strategischer Wettbewerbsfaktor beigemessen, da neben der reinen Transportaufgabe die Bewältigung der zunehmenden Marktdynamik, der zunehmenden Komplexität und Individualisierung der Märkte und die tendenzielle Verringerung der Fertigungstiefe als Folge der Konzentration auf Kernkompetenzen hinzugekommen sind. Logistische Erfolgsfaktoren wie Lieferzeit, Versorgungssicherheit, Termintreue und Lieferqualität haben an Bedeutung gewonnen. Vor diesem Hintergrund wird Logistik als eine flussorientierte Sichtweise auf Materialien und Informationen verstanden.

Konzept

Die *Flussorientierung* bezeichnet eine umfassende Unternehmensgestaltung, die darauf gerichtet ist, einen schnellen, durchgängigen und turbulenzarmen Fluss von Materialien, Waren und Informationen über die gesamte Wertschöpfungskette zu ermöglichen und somit eine abgestimmte Leistungserstellung innerhalb des Unternehmens und über Unternehmensgrenzen hinweg zu erzeugen.

Der Fokus der Flussorientierung liegt auf dem Kunden und wird auf fünf Handlungsfeldern gestaltet:

Flussorientierung in der Beschaffung

Durch die Beschränkung der Komplexität in den Beschaffungsstrukturen auf ein erforderliches Mindestmaß lässt sich das Risiko von Flussstörungen deutlich verringern. Ein wichtiger Beitrag hierzu liegt in der Implementierung von flussorientierten Instrumenten, wie *Abrufsteuerung*, *Just-in-Time-Anlieferung*, *Lieferanten-Kanban* und der *Verstetigung des Materialflusses*.

Flussorientierung in der Produktion

Charakteristika einer flussorientierten Produktion sind die Entflechtung der Kapazitäten und die Harmonisierung der Kapazitäten. Die Fertigungsstruktur ist insgesamt so auszurichten, dass flussorientierte Zielsetzungen wie Verringerung von Durchlaufzeiten, Sicherstellung einer hohen Prozesssicherheit, Verringerung von Lagerbeständen und Abbau bzw. Reduktion von Schnittstellen unterstützt werden. Die Flussorientierung in der Produktion schlägt sich nieder in Konzepten wie *One-Piece-Flow* bzw. *Pullsteuerung* mit oder ohne *Kanban*.

Flussorientierung in der Distribution

Flussorientierte Distributionsstrukturen dienen der Erbringung der vom Kunden gewünschten Serviceleistungen mit Hilfe eines logistischen Netzwerks von möglichst geringer Komplexität. Ein solches Netzwerk zeichnet sich dadurch aus, dass der Güterfluss zwischen Liefer- und Empfangspunkt möglichst selten unterbrochen wird. Da die vom Abnehmer gewünschten Serviceleistungen für ein Unternehmen bzw. eine Geschäftseinheit in der Regel sehr unterschiedlich sind, ist es nicht sinnvoll, für alle Produkte bzw. Kunden einen einheitlichen Lieferservice anzubieten. Ähnlich wie die Produktion besitzt auch die Distribution die Aufgabe, die unterschiedlich im Unternehmen verfolgten Wettbewerbsstrategien durch die Gestaltung entsprechender Distributionsstrukturen zu unterstützen. Für die Gestaltung der Distributionsstruktur sind daher neben produktspezifischen Anforderungen die Anforderungen unterschiedlicher Kundenkreise (Märkte) zu berücksichtigen. Tendenziell entsprechen zentralisierte Distributionsstrukturen mit direkten Verbindungen zwischen den Liefer- und Empfangspunkten wegen ihrer einfacheren Strukturen durch die verringerte Anzahl der Handlingstufen eher dem Prinzip der Flussorientierung als dezentrale Strukturen und indirekte Güterflüsse.

Flussorientierung in der Organisation

Eine flussorientierte bzw. prozessorientierte Organisationsgestaltung ist durch eine Priorisierung der Erfordernisse des Ablaufs in der betrieblichen Leistungsgestaltung gekennzeichnet. In vielen Bereichen ist es auch weiterhin nicht sinnvoll, ganz auf die Vorteile einer funktionalen Spezialisierung zu verzichten. Die funktionalen Elemente sollten dabei jedoch nicht als herkömmliche funktionale Abteilungen, sondern als Kompetenzzentren mit einem in Bezug auf die Prozesse dienenden Charakter ausgestaltet sein. Ein derartiges Verhältnis zwischen Funktionen und Prozessen ist dann gegeben, wenn für die einzelnen Prozesse Prozessverantwortliche eingesetzt werden, die in dem Unternehmen und gegenüber den Funktionalbereichen einen großen Einfluss besitzen (vgl. Weber 2001, S. 3 – 10).

Informationsfluss in der Flussorientierung

Schnittstellen zwischen den einzelnen Bereichen eines Unternehmens und zwischen Unternehmen bestehen nicht nur hinsichtlich des Material- und Warenflusses, sondern auch bei der Übergabe von Informationen. Für ein flussorientiertes Unternehmen sind eine umfassende Informationsunterstützung sämtlicher Unternehmensbereiche und ein enger Informationsaustausch von elementarer Bedeutung. Wesentliches Merkmal ist hierbei die Erzeugung eines durchgehenden und medienbruchfreien Informationsflusses entlang der Wertschöpfungskette durch interne und externe Vernetzung des Informationssystems des Unternehmens (vgl. Weber 2001, S. 3 ff.).

Bewertung

Flussorientierung heißt auch Prozesse dauerhaft zu verändern. Dabei ist es auch hier wichtig, vorhandene Blockaden, die einen regelmäßigen Veränderungs- und Entwicklungsprozess behindern, zu erkennen und zu beseitigen. Eigeninteressen, Kooperations- und Kommunikationsprobleme der Mitarbeiter sowie unstimmige Strukturen und Abläufe blockieren häufig das Ausschöpfen von Entwicklungsmöglichkeiten. Das Flussmanagement zielt darauf ab, dass diese Blockaden regelmäßig erkannt und beseitigt werden. Es geht also nicht um den Aufbau einer starren Organisation der Material- und Informationsflüsse und auch nicht um die Einführung von Planungs- und Steuerungssoftware. Vielmehr soll die Fähigkeit der Mitarbeiter entwickelt werden, bestehende Flüsse und Strukturen immer wieder zu hinterfragen und diese gegebenenfalls schnell, effizient und abgestimmt zu verändern.

Fehlermöglichkeits- und -einflussanalyse (FMEA)

Hintergrund

Die *Fehlermöglichkeits- und -einflussanalyse* (engl.: *Failure-Mode-and-Effects Analysis*), kurz FMEA, wird im Rahmen des Qualitätsmanagements zur präventiven Fehlervermeidung eingesetzt. Es handelt sich um eine „formalisierte (qualitative) Methode, um mögliche Probleme sowie deren Risiken und Folgen bereits vor ihrer Entstehung systematisch und vollständig zu erfassen“ (Kamiske, Brauer 2003, S. 74). Frehr beschreibt die FMEA als eine Maßnahme, die „vor allem in Planungsphasen wie Entwicklung, Konstruktion, Prozess- und Arbeitsablaufplanung, Betriebsorganisation“, d. h., in den frühen Phasen des Produktentstehungsprozesses, „potenzielle Fehler aufspüren, bewerten und Maßnahmen zu ihrer Abstellung initiieren“ (Frehr 1994, S. 234) soll.

Die FMEA integriert „die Phasen der Risikoerkennung und -bewertung sowie der Maßnahmenplanung und der Erfolgskontrolle“. Sie „bildet also den durchgängigen Zyklus einer präventiven Qualitätssicherung ab“ und „lässt sich kennzeichnen als eine Vorgehensweise zur Risikoanalyse“ (Wildemann 2001, S. 391 f.).

Entwickelt wurde die analytische Vorgehensweise der FMEA in den 60er Jahren im Bereich der US-amerikanischen Raumfahrt im Rahmen des Apollo-Programms. Heute ist sie in der Automobil- und Elektronikbranche weit verbreitet. In erster Linie findet diese Methode Anwendung bei der Neuentwicklung von Produkten, bei Sicherheits- und Problemteilen, neuen Fertigungsverfahren sowie Produkt- und Prozessänderungen.

Konzept

Die FMEA wird in der Regel von einem interdisziplinären Arbeitsteam bestehend aus etwa fünf bis sieben Fachleuten durchgeführt, die einen engen Bezug zum Untersuchungsgegenstand haben.

Die FMEA beginnt mit einer Fehleranalyse, bei der im Rahmen eines Brainstormings des Teams alle denkbaren Fehlerarten, die bei dem vorliegenden Untersuchungsgegenstand auftreten könnten, gesammelt werden. Jede Fehlerart wird daraufhin hinsichtlich ihrer Auswirkungen und Ursachen untersucht.

Im Anschluss daran erfolgt die so genannte Risikobeurteilung. Dazu werden zunächst „Kontrollmaßnahmen, die zur Entdeckung potenzieller Fehler führen oder deren Auswirkungen verringern können“ (Kamiske, Brauer 2003, S. 77) festgelegt. Daraufhin vergibt das Team für jede mögliche Fehlerursache Punkte in einer Skala von 1 bis 10 in folgenden Kategorien:

- Wahrscheinlichkeit des Auftretens des Fehlers (1 = unwahrscheinlich, 10 = hoch)
- Bedeutung des Fehlers (1 = kaum wahrnehmbare Auswirkungen, 10 = äußerst schwerwiegender Fehler)
- Wahrscheinlichkeit der Entdeckung des Fehlers (1 = hoch, 10 = unwahrscheinlich)

Die vergebenen Punkte werden durch Multiplikation zu der so genannten Risikoprioritätszahl (RPZ) zusammengefasst, um so jeden Fehler zu quantifizieren. „Die Risikoprioritätszahl kann dann einen Wert zwischen eins und 1.000 annehmen und stellt so eine Rangfolge für die Optimierung durch entsprechende Lösungsvorschläge dar“ (Kamiske, Brauer 2003, S. 77).

„Die Fehlerursachen mit dem höchsten Zahlenwert sind vorrangig zu beseitigen“ (Kamiske, Brauer 2003, S. 78) mit Hilfe geeigneter Maßnahmen bzw. Lösungen. „Von den vorgeschlagenen Maßnahmen werden die Erfolgsversprechendsten diskutiert, ausgewählt und anschließend durchgeführt“ (Kamiske, Brauer 2003, S. 78). Nach der Durchführung der Maßnahmen wird eine weitere Risikobeurteilung vorgenommen.

Den Abschluss einer FMEA bildet die Ergebnisbeurteilung. Dabei werden je Fehlerursache die beiden Risikoprioritätszahlen miteinander verglichen, um festzustellen, ob bzw. inwiefern die Maßnahmen hinsichtlich einer Verbesserung gegriffen haben. „Dabei wird auch das Verhältnis zwischen erzielbarer Verbesserung und einzusetzendem Aufwand berücksichtigt" (Kamiske, Brauer 2003, S. 79).

In Bezug auf die vorhergegangenen Ausführungen lassen sich die wesentlichen Aufgaben und Ziele einer FMEA wie folgt zusammenfassen (vgl. Kamiske, Brauer 2003, S. 75):

- Identifizierung kritischer Komponenten und potenzieller Schwachstellen
- Frühzeitiges Erkennen und Lokalisieren von möglichen Fehlern
- Abschätzung und Quantifizierung von Risiken
- Anwendung und Weitergabe von Wissen und Erfahrungen
- Verkürzung der Entwicklungszeit, Senkung der Entwicklungskosten sowie des Fehlleistungsaufwandes
- Vermeidung von Doppelarbeit und Verringerung von Änderungen nach Beginn der Serienfertigung
- Beitrag zur Erfüllung unternehmenspolitischer Qualitätszielsetzungen

Hinsichtlich des Zeitpunkts der Anwendung und des Objekts der Untersuchung können verschiedene Arten einer FMEA unterschieden werden:

- *Konstruktions-FMEA*: Sie ist ausgerichtet auf ein ganz bestimmtes Produkt. Daher ist auch die Bezeichnung *Produkt-FMEA* denkbar.
- *Prozess-FMEA*: Mit ihr werden alle potenziellen Fehler untersucht, die im Laufe eines Produktionsprozesses anfallen können. Sie „baut dabei insofern auf der Konstruktions-FMEA auf, als Fehlerursachen, die im Rahmen einer Konstruktions-FMEA im Produktionsprozess lokalisiert wurden, einer weitergehenden Ursachenanalyse unterzogen werden, die Kausalkette also weiter verfolgt wird" (Wildemann 2001, S. 391).
- *System-FMEA*: „Mit ihrer Hilfe wird das funktionsgerechte Zusammenwirken der einzelnen Komponenten eines komplexen Systems untersucht" (Kamiske, Brauer 2003, S. 80).

Bewertung

Die FMEA kann ein sehr probates Verfahren sein, „um Fehlerquellen schon im Ansatz und in der Planungsphase zu erkennen, Maßnahmen zu deren Beseitigung planen und ihre Wirksamkeit abschätzen zu können" (Frehr 1994, S. 235). Diese Methode, die „vor Beginn der Serienfertigung abgeschlossen sein" (Kamiske, Brauer 2003, S. 75) muss, kann dazu beitragen, Kosten durch Einsparung von Fehlerbeseitigungskosten zu senken und die Qualität zu verbessern. Allerdings sollte sie von einem Arbeitsteam durchgeführt werden, das aus Experten bezüglich des Untersuchungsgegenstandes besteht. Sie erfordert ein hohes Maß an Fachwissen sowie einen großen Erfahrungsschatz, um möglichst alle denkbaren Fehler eines Objektes herauszuarbeiten. Fachwissen und Erfahrung sind allerdings auch bei der Punktevergabe erforderlich, um für jede Fehlerursache hinsichtlich der Wahrscheinlichkeit des Auftretens, der Bedeutung und der Wahrscheinlichkeit der Entdeckung die richtige Punktzahl, falls dies überhaupt möglich ist, festlegen zu können.

Des Weiteren scheint es nicht klar zu sein, ab welcher Risikoprioritätszahl Fehlerursachen eliminiert werden müssten, sondern nur, dass „die Priorität zur Entwicklung von Abstellmaßnahmen (...) umso höher“ ist, „je höher die RPZ eines Fehlers ist. Einige Autoren geben Grenzwerte an, innerhalb derer eine Beseitigung der Fehlerursachen auf jeden Fall geplant werden sollte. Einige setzen die Grenze bei RPZ > 125 und schlagen vor, bei Einzelbewertungen > acht ebenfalls die Maßnahmenplanung in Erwägung zu ziehen“ (Wildemann 2001, S. 394).

Eine FMEA bei sehr komplexen Produkten, Prozessen oder Systemen durchzuführen, erfordert einen erheblichen Zeitaufwand. Frehr empfiehlt daher, den Zeitaufwand durch Rechnereinsatz und eine anfängliche Beschränkung auf kritische Teile zu reduzieren.

Die Anwendung einer FMEA kann zu einer deutlichen Reduzierung von Fehlern führen. „Erfahrungen zeigen, dass zwischen 70 und 90 % möglicher Fehler mit dieser Methodik vorher erkannt werden können“ (Frehr 1994, S. 115).

Fraktale Fabrik

Hintergrund

Moderne Produktionsstrukturen ermöglichen eine hohe Variantenvielfalt, kleine Stückzahlen, kurze Durchlaufzeiten und hohe Qualität zu niedrigen Kosten. Dies verlangt von Unternehmen die Fähigkeit, sich an die immer schneller ändernden Umweltbedingungen anzupassen.

Die *Fraktale Fabrik* ist ein geeignetes Konzept, das die Produktion befähigt, in ihren dezentralen Bereichen schnelle Anpassungen an nicht vorhersehbare Marktentwicklungen vorzunehmen, ohne dabei ihre Struktur oder ihren Organisationsgrad zu verlieren.

Konzept

Eine Fabrik im Sinne des Produktionsmodells der Fraktalen Fabrik besteht „aus autonomen, selbstähnlichen, dynamischen Gebilden. Diese Fraktale beruhen auf Prinzipien der Selbstorganisation, Selbstoptimierung und Selbststeuerung, agieren weitgehend eigenständig und im Verbund mit anderen Fraktalen nach Regeln des Wettbewerbs und der Kooperation, richten ihre Ziele an übergeordneten Unternehmenszielen aus und wirken an ihrer Entstehung, Veränderung und Auflösung aktiv mit“ (Bullinger, Warnecke 1996, S. 286). Bei Fraktalen (Bereiche, Teams, Mitarbeiter) eines Unternehmens handelt es sich um selbständige und eigenverantwortliche Unternehmenseinheiten, in denen unter dem Dach der Unternehmensziele unternehmerisch gedacht und gehandelt wird.

Ein Fraktal ist gekennzeichnet durch die Merkmale:

- Selbstähnlichkeit
- Selbstorganisation und Selbstoptimierung
- Dynamik und Vitalität
- Zielorientierung

Selbstähnlichkeit

In jedem Teil des Unternehmens (Fraktal) spiegelt sich die Struktur des gesamten Unternehmens wieder. „Wenn das hieraus abgeleitete Bild von selbständig agierenden Einheiten zutrifft, muss jedes Fraktal seinerseits eine (kleine) Fraktale Fabrik sein. Dies ist bis zu einem gewissen Grad tatsächlich der Fall. Selbstähnlichkeit lässt Abweichungen zu, auch in der fraktalen Geometrie gibt es immer nur ähnliche, nie jedoch gleiche Strukturen“ (Warnecke 1996, S. 143).

Selbstorganisation und Selbstoptimierung

Fraktale sind deswegen auch in der Lage, sich sowohl auf operativer als auch strategischer Ebene selbst zu organisieren. Im Rahmen der operativen Selbstorganisation werden Abläufe mit Hilfe vorgegebener Methoden optimiert, um Prozesse zu beherrschen. Die Selbstoptimierung beinhaltet das eigenverantwortliche Handeln der Fraktale, die Auswertung der eigenen Effektivität und die Überprüfung, ob die Zielvorgaben eingehalten werden.

Dynamik und Vitalität

Eine Fraktale Fabrik kann auf dynamische Marktgegebenheiten effektiv reagieren. Sie ist aber nicht völlig autark und in ihren Handlungen frei von Einzelfallentscheidungen, die zentral gefällt werden.

Zielorientierung

Jedes Fraktal definiert seine Ziele selbständig. Jedoch müssen diese Ziele

- im Einklang mit den Unternehmenszielen stehen,
- mit den vor- und nachgelagerten Einheiten abgestimmt sein,
- an Prozessen und nicht an Strukturen orientiert sowie
- machbar und überschaubar sein.

Bewertung

Informationen, die das gesamte Unternehmen betreffen, stehen jedem Fraktal als Hilfsmittel zur Verfügung. „Jedes Fraktal, letztlich jeder Arbeitsplatz, ist so zu betrachten wie das gesamte Unternehmen: Eine bestimmte Leistung ist komplett zu erbringen, eine Aufgabe möglichst eigenständig zu lösen. Dazu gehören Qualität, Menge, sparsamer Einsatz von Ressourcen, Zuverlässigkeit und Geschwindigkeit" (Warnecke 1996, S. 144). Ist ein Fraktal nicht in der Lage, die von ihm erwartete Leistung zu erfüllen, so kann es sich von einem anderen Fraktal Hilfe zukommen lassen.

Die Grenzen der Selbstähnlichkeit sind aber da erreicht, wo auf zentrale Funktionen in der Fraktalen Fabrik zurückgegriffen werden muss. Dazu gehören z. B. „eine zentrale Ressourcenplanung oder Planungsunterstützung, die fallweise und temporär tätig wird sowie (...) die Konzentration von Spezialwissen, das in den Fraktalen nicht kontinuierlich vorgehalten werden kann" (Warnecke 1996, S. 143 f.).

Aus diesem Grund waren Fraktale in der praktischen Anwendung nicht immer von dezentralen Organisationsstrukturen, wie Gruppen, eindeutig zu unterscheiden. Gegenwärtig wird in der betrieblichen Praxis kaum mehr von Fraktalen gesprochen. Dennoch gebührt dem Konzept der Fraktalen Fabrik das große Verdienst, einen Beitrag hin zu dezentralen, flexiblen Strukturen in den Fabriken geliefert zu haben.

Gruppenarbeit

Hintergrund

Die klassische Arbeitsteilung nach Taylor hatte lange Zeit ihre Berechtigung und war Ausdruck der industriellen Produktion in Zeiten von Anbietermärkten und variantenarmen Produkten. Diese Organisationsform weicht seit einiger Zeit flexibleren Formen der Zusammenarbeit. Die Einführung von Gruppenarbeit ist ein Beitrag hierzu und kann in einem Unternehmen dazu führen, dass die geforderte Flexibilität durch Strukturen gefördert wird, die in Richtung Dezentralisierung, flachere Hierarchien, einfachere Entscheidungsprozesse und kürzere Entscheidungswege gehen.

Konzept

Gruppenarbeit ist die arbeitsteilige Zusammenarbeit einer begrenzten Anzahl von Mitarbeitern zur gemeinsamen Erreichung eines Ziels. Es gibt zahlreiche Formen der Gruppenarbeit, deren eindeutige Abgrenzung voneinander mitunter schwierig ist. Daher werden nur die fünf Grundtypen der Gruppenarbeit kurz vorgestellt:

Qualitätszirkel

„Qualitätszirkel sind kleine moderierte Gruppen von Mitarbeitern der unteren Hierarchieebene, die sich regelmäßig auf freiwilliger Grundlage treffen, um selbstgewählte Probleme aus ihrem Arbeitsbereich zu bearbeiten" (Bullinger, Warnecke 1996, S. 491). Bei diesen Treffen werden Probleme identifiziert, ausgewählt sowie analysiert und Lösungsvorschläge entwickelt. Problemlösungen sowie eine Erfolgskontrolle dürfen im Rahmen eines genehmigten Handlungsspielraums selbständig umgesetzt werden. Die Treffen finden alle zwei bis vier Wochen statt und dauern jeweils ein bis zwei 2 Stunden. In der Regel dürfen Qualitätszirkel aber „lediglich Verbesserungsvorschläge im Hinblick auf die Regulation oder Gestaltung des regulären Arbeitssystems erarbeiten. Sie besitzen selbst keine Entscheidungskompetenz" (Bullinger, Warnecke 1996, S. 491).

Projektgruppen

Projektgruppen werden „zur Bearbeitung neuartiger und komplexer Problemstellungen, die aufgrund unterschiedlichster Ursachen einen einmaligen Charakter aufweisen und mehrere Unternehmensbereiche tangieren“ (Bullinger, Warnecke 1996, S. 492), eingesetzt. „Projektgruppen setzen sich meist aus Experten und Führungskräften zusammen, die für die Lösung des konkret vorgegebenen Problemkreises entsprechend ihrer Sachkompetenz ausgewählt wurden und für die Dauer der Projektbearbeitung zusammenarbeiten“ (Bullinger, Warnecke 1996, S. 492). Die Inhalte, Projektleiter, -teilnehmer und Zielsetzungen werden in der Regel vom Management vorgegeben. Projektgruppen verfügen meist nur über ein Vorschlagsrecht, wie ein Problem gelöst oder eine Aufgabe bearbeitet werden kann. Die Entscheidungskompetenz liegt beim Management in den Linienfunktionen.

Klassische Arbeitsgruppen

„Unter klassischen Arbeitsgruppen werden Gruppen von Mitarbeitern verstanden, die eine gemeinsame Aufgabe stark funktions- und arbeitsteilig durchführen“ (Bullinger, Warnecke 1996, S. 493), so dass von einer Gruppenarbeit im eigentlichen Sinne gar keine Rede sein kann. „In einer klassischen Arbeitsgruppe in der Produktion gehört die Arbeitsverteilung, die Feinsteuerung der Fertigung, die Personal- und Arbeitszeitplanung zu den Aufgaben des Meisters“ (Bullinger, Warnecke 1996, S. 493). Dieser überwacht, ob die Mitarbeiter vorschriftsmäßig arbeiten, und ist zudem Problemlöser. Die Aufgaben der Mitarbeiter beschränken sich auf die Tätigkeiten, die unmittelbar in der Produktion anfallen.

Fertigungsteams

Ein Fertigungsteam umfasst ca. zehn Mitarbeiter. Jeder Mitarbeiter sollte mehrere Arbeitsstationen in der Produktion beherrschen und die Verantwortung für die Arbeitsqualität tragen. „Sie führen hierzu eine Sichtkontrolle der von ihnen und von ihren Vorgängern ausgeführten Arbeitsschritte durch und beheben sofort etwaige Fehler, sofern es möglich ist“ (Bullinger, Warnecke 1996, S. 494). Die vorgegebenen Arbeitsstandards sind strikt einzuhalten, um die Prozesssicherheit zu gewährleisten. Von den Mitarbeitern wird erwartet, Verbesserungsvorschläge einzubringen, die zu einem neuen, verbesserten Arbeitsstandard führen können. Die Betreuung eines Fertigungsteams übernimmt ein Teamleiter, der vom Meister dazu ernannt wird. Der Meister wiederum ist disziplinarischer Vorgesetzter von in der Regel zwei Teams und verfügt über einen großen Kompetenz- und Verantwortungsbereich. „Als Werkstattmanager teilt er nicht nur die Mitarbeiter den einzelnen Arbeitsstationen zu, sondern ist darüber hinaus für deren Ausbildung und Lohneinstufung sowie für die Arbeits- und Prozessgestaltung in seinem Verantwortungsbereich maßgeblich mitverantwortlich. Zu seinen wesentlichen Aufgaben gehört auch die Überwachung der Einhaltung der Arbeitsstandards und deren permanente Verbesserung“ (Bullinger, Warnecke 1996, S. 494).

Teilautonome Arbeitsgruppen

Eine teilautonome Arbeitsgruppe ist „eine kleine Gruppe von Mitarbeitern, denen die Erstellung eines kompletten (Teil-)Produktes oder einer Dienstleistung mehr oder weniger verantwortlich übertragen wurde“ (Bullinger, Warnecke 1996, S. 495). Die Gruppenmitglieder sollen, wenn möglich, für alle Arbeitsplätze einsetzbar sein, um einen flexiblen Arbeitseinsatz zu ermöglichen. Teilautonome Arbeitsgruppen sind partiell befugt, die Planung, Steuerung und Kontrolle der übertragenen Aufgaben durch Funktionsintegration und Selbstregulierung der Gruppe eigenständig durchzuführen. Auch indirekte Tätigkeiten wie Qualitätskontrolle, kleinere Wartungs- und Reparaturarbeiten, Materialdisposition, Reinigungs- und Transportarbeiten können in die Gruppe verlagert werden. Ansprechpartner für die Vorgesetzten und andere gruppenexterne Stellen ist ein Gruppensprecher, der „zur Unterstützung der täglichen internen und externen Koordination der Gruppe“ (Bullinger, Warnecke 1996, S. 496) von der Gruppe gewählt oder vom Management unter Einbeziehung des Betriebsrats vorgeschlagen wird. In der Regel moderiert er die regelmäßig stattfindenden Gruppensitzungen. Diese Sitzungen dienen der gemeinsamen Koordination und Planung. Darüber hinaus werden aktuelle Probleme, die technischer, organisatorischer oder zwischenmenschlicher Art sein können, aufgearbeitet. Teilautonome Arbeitsgruppen verfügen über eine Entscheidungskompetenz, die es ihnen erlaubt, Verbesserungsideen innerhalb von jeweils vereinbarten Rahmenbedingungen unmittelbar umzusetzen. Daher werden die Sitzungen auch genutzt, um über potenzielle Verbesserungen bezüglich der Arbeitsqualität zu diskutieren, die dann gegebenenfalls realisiert werden.

Bewertung

Eine erfolgreiche Einführung der Gruppenarbeit bedingt eine breite Akzeptanz im betroffenen Unternehmen. Erforderlich sind insbesondere die vorbehaltlose Unterstützung durch die Unternehmensleitung und die Führungskräfte. Darüber hinaus gelten die rechtzeitige und umfassende Information aller Beteiligten sowie die Einbeziehung des Betriebsrats als unverzichtbar.

Das Management sollte hinsichtlich partizipativer Problemlösungsprozesse aufgeschlossen sein, d. h., Mitarbeiter als Fachleute erkennen und akzeptieren, ihnen Problemlösungsfähigkeit zutrauen sowie erkennen, dass Erfolge der Mitarbeiter auch Erfolge der Vorgesetzten sind.

Unabhängig vom Gruppentyp haben Erfahrungen aus der soziopsychologischen Forschung gezeigt, dass eine Gruppe mit fünf bis sechs Mitgliedern optimal ist. Die Kommunikations- und Abstimmungsprozesse unter den Beteiligten sollen bei dieser Gruppengröße am besten funktionieren. Ist die Gruppe kleiner, so entsteht schnell ein zu hoher Gruppendruck. Bei zu großen Gruppen können sich interne Untergruppen bilden und sich bei der Entscheidungsfindung gegenseitig blockieren. Im Bereich der Fertigung findet man allerdings nicht selten Gruppen mit bis zu 15 Mitgliedern.

In der Managementliteratur tauchen häufig auch die Begriffe Team und Teamarbeit auf. „Eine scharfe Trennung zwischen den Begriffen Gruppe und Team bzw. Gruppenarbeit und Teamarbeit erscheint nicht möglich. Während Gruppe eher im Sinne der organisatorischen Zugehörigkeit zu einer Gruppe verstanden wird, schwingt bei Team eine Vorstellung hoher Kohäsion und gut funktionierender Kooperation mit" (Bullinger, Warnecke 1996, S. 490).

Heijunka

Hintergrund

Die Sicherstellung der Flexibilität gegenüber schwankenden Kundenbedarfen bei gleichzeitig optimaler Kapazitätsauslastung ist eine der klassischen Zielkonflikte der Produktionssteuerung. Der Werkzeugkasten des Lean Production Managers enthält ein Instrument, mit dem diese beiden widerstrebenden Ziele durch so genanntes *Glätten* und *Nivellieren* vor dem Hintergrund der *ziehenden Produktion* in Einklang gebracht werden: *Heijunka.*

Konzept

Es ist ein Instrument zur Harmonisierung des Produktionsflusses im Sinne eines mengenmäßigen Produktionsausgleichs, ohne dies auf dem Rücken der nachgelagerten Stellen im Produktionsprozess oder des Kunden auszutragen. Hierbei wird eine möglichst gleichmäßige Produktion angestrebt, in der Warteschlangen vor den einzelnen Bearbeitungsstationen vermieden werden. An die Stelle der klassischen Werkstattfertigung mit starker Arbeitsteilung und langen Liege- und Transportzeiten tritt das Fließprinzip mit kurzen Transportwegen und der Tendenz der Komplettbearbeitung. Heijunka ist ein Bestandteil des *Just-in-Time*-Gedankens und kann als eine Voraussetzung für seine Realisierung angesehen werden (vgl. Kaminske 1995, S. 39).

Grundsätzlich erfolgt das Harmonisieren einer Produktion in zwei wesentlichen Stufen:

- Nivellieren der Produktionsmenge auf Tagesmengen
- Glätten der Produktion in der Erhöhung der Anzahl der Zyklen je Tag mit dem Ziel der Einzelstückfertigung.

Diese beiden Stufen sind jedoch nicht isoliert voneinander zu betrachten, vielmehr bauen sie aufeinander auf und müssen durch Maßnahmen zur Einführung einer Fließfertigung, eines Einzelstückflusses und einer Produktion in Taktzeit unterstützt werden (vgl. Takeda 2004, S. 126 ff.).

Nivellieren

Für jedes Produkt wird die Produktionsmenge einer Periode so aufgeteilt, dass an jedem Tag die gleiche Stückzahl hergestellt wird. Dabei werden A- und B-Produkte täglich in jeweils gleicher Stückzahl produziert. Für C-Produkte wird ein Freiraum *X* in die tägliche Produktionszeit eingeplant. *X* ist in dieser täglichen Zeitplanung eine Variable für diese Produkte, die von der Fertigungssteuerung terminlich geplant und von der Produktion entsprechend gefertigt werden.

In der Produktion wird diese Fertigungsweise gegen die Produktionsrichtung eingeführt. Man beginnt an der dem Fertiglager vorgeschalteten Produktionslinie.

Die Produktionssteuerung tritt zunächst an die Stelle des Kunden und zieht zu festgelegten Zeiten die jeweiligen Stückzahlen von der Linie ab und stellt sie dem Fertiglager zur Verfügung. Der Produktionsplan ist nur an der letzten Fertigungslinie bekannt und wird nicht an die vorgelagerten Fertigungslinien weitergeben. Die vorgelagerten Linien produzieren zunächst mit Blick auf ein festgelegtes Zwischenlager in der Reihenfolge, in der vom nachgelagerten Prozess dort Artikel abgezogen werden. Sie produzieren nur die abgezogene Menge. Diese genau definierten Zwischenlager (Menge je Teilerzeugnis, Stellplatz, Behältergrößen etc.) werden als Supermarkt oder Warenhaus bezeichnet.

Unbedingte Voraussetzung für eine nivellierte Produktion ist die ständige und drastische Reduzierung der Rüstzeiten. Dies ist notwendig, um die Rüstkostenanteile je Produkt bei kleiner werdenden Losgrößen deutlich zu reduzieren, bzw. maximal konstant zu halten. Hierzu werden *Kaizen*-Maßnahmen eingesetzt, die die Rüstzeiten, und damit die Rüstkosten, reduzieren.

Die Kaizen-Maßnahmen richten sich jedoch nicht nur auf die Reduzierung der Verschwendung beim Rüsten, sie richten sich vielmehr auf die gesamte Fertigungslinie. Mit diesem ganzheitlichen Ansatz wird die Produktionslinie in ihrem Layout so optimiert, dass Verschwendung durch unnötige Wege, Handhabungen etc. kontinuierlich eliminiert werden.

Ist die letzte Fertigungslinie soweit optimiert, dass die nivellierte Produktionsweise problemlos läuft, wird diese Fertigungsweise nach und nach auf die Fertigungslinien entgegen der Materialflussrichtung bis zum Wareneingang angewandt und mittels Kaizen-Maßnahmen optimiert.

Glätten der Tagesmenge

Wenn die nivellierte Produktionsweise sich stabilisiert hat, wird die Tagesmenge in Teilmengen unterteilt. Weiterhin wird mit der Verkürzung der Zyklen auch die Möglichkeit gegeben, die Lagermengen in den Supermärkten der vorgelagerten Fertigungslinien und im Fertiglager zu reduzieren. Dies ist möglich, da in immer kürzeren Intervallen alle Artikel produziert werden und der nachfolgenden Stelle zur Verfügung stehen.

Es ist anzustreben, die Zyklenanzahl immer weiter zu erhöhen, bis für das A-Produkt mit der geringsten Stückzahl die Menge eins erreicht wird.

Bei einer geglätteten Produktion sollten letztendlich alle Prozessstationen gleichsam wie durch eine Endloskette miteinander verbunden sein.

Bewertung

Das Prinzip des Glättens und Nivellierens zeigt sehr genau auf, wie ein Pull-Prinzip in der Fertigung organisiert werden kann. Es macht zudem den ganzheitlichen Ansatz von Kaizen deutlich: Mit dem Ziel, in der vom Verkauf vorgegebenen Taktzeit die Produktion zu organisieren, werden systematisch die nicht wertschöpfenden Tätigkeiten aus dem Herstellungsprozess verbannt.

Daraus folgt eine deutlich kleinere Lagermenge innerhalb der Produktion und im Fertigteillager; verschwendungsarme Fertigungsabläufe und -prozesse, ein hohes Maß an Qualität und Flexibilität. Letztendlich gelingt es, den Aufwand für die Produktionsplanung und -steuerung deutlich zu verringern.

Incentives

Hintergrund

Um die anspruchsvollen Ziele zu erreichen, denen sich ein modernes Produktionsmanagement verschrieben hat, werden exzellent ausgebildete und hoch motivierte Mitarbeiter benötigt. Insbesondere vor dem Hintergrund des Mangels an Facharbeitern und Spezialisten für

Planung und Steuerung der Produktion ist es zwingend erforderlich, die in diesem Personenkreis schlummernden Potenziale zu wecken und langfristig für das Unternehmen zu nutzen. Vor diesem Hintergrund bekommen Anreizsysteme eine große Bedeutung. Solche Anreizsysteme nennt man auch *Incentives*.

Konzept

Unter Anreizen versteht man ganz allgemein materielle Leistungen wie Entgelte und immaterielle Leistungen einer Organisation, die der Bedürfnisbefriedigung dienen. Der Begriff Incentives ist zwar nicht eindeutig definiert. Jedoch kann man sagen, dass sich die Bezeichnungen Anreiz und Incentive in ihrer Bedeutung weitgehend entsprechen. Incentive wird im Sprachgebrauch als *Inszenierung von Anreizen* verstanden (vgl. Bröckermann, S. 122 ff.).

Aus allgemeiner personalwirtschaftlicher Sicht werden demnach mit Incentives alle Formen betrieblicher Leistungsanreize, wie z. B. Gehalt, freiwillige Sozialleistungen, Arbeitsplatzsicherheit, Aufstiegsmöglichkeiten usw. bezeichnet. Inzwischen hat sich jedoch weitgehend eine Eingrenzung des Begriffs auf nicht-materielle Leistungsanreize durchgesetzt. Typisch für Incentives sind deshalb Auszeichnungen mit einem hohen ideellen oder symbolischen Stellenwert. Beispiele aus der Praxis sind Erlebnisreisen, Verlosungen, Wochenendaufenthalte oder die Teilnahme an besonderen Events. Eine Bedeutung haben Incentives jedoch nicht nur als Auszeichnung, sondern auch als Motivatoren für nicht oder weniger erfolgreiche Mitarbeiter. Eine besondere Rolle spielen Incentives im Vertriebsumfeld.

Materielle Anreize

- Grundvergütungen
  Eine angemessene Grundvergütung ist Voraussetzung für eine Befriedigung von Gerechtigkeitsempfindungen, da eine nicht leistungsgerechte Bezahlung ist aus Sicht des Mitarbeiters demotivierend ist. Zu den Grundvergütungen zählen Löhne, Ausbildungsvergütungen oder Honorare für freie Mitarbeit. Einer Bezahlung kann eine Anerkennungswirkung unterstellt werden und eine vom Mitarbeiter als überdurchschnittlich empfundene Bezahlung kann bei ihm eine erhöhte Wertschätzung seines Könnens hervorrufen.

- Zusätzliche Vergütungen
  Bei zusätzlichen Vergütungen ist die Anerkennungswirkung noch stärker hervorzuheben. Zusätzliche Vergütungen können Gratifikationen, Sonderzahlungen, Prämien, Provisionen oder Erfolgsbeteiligungen sein. Diese können an die Erreichung persönlicher und produktionsspezifischer Ziele gekoppelt sein, wie Produktivitätssteigerungen.

- Personalbetreuung
  Bei der Personalbetreuung handelt es sich um Leistungen, die über das vereinbarte Entgelt hinaus gewährt werden. Beispiele hierfür sind Kantine, Getränkeautomaten mit Bezuschussung des Arbeitgebers sowie Vergünstigungen beim Bezug der im Unternehmen hergestellten Produkte oder beim Benutzen von firmeneigenen Einrichtungen wie Erholungsheimen oder Kindergärten.

Bemühungen, die Arbeitsbedingungen human zu gestalten, können auch in diese Kategorie gezählt werden. Beispiele sind z. B. ergonomische Gestaltung der Arbeitsplätze in der Produktion sowie Maßnahmen zur Arbeitssicherheit und zum Arbeitsschutz, die über die gesetzlichen Mindestanforderungen hinausgehen.

Ideelle Anreize

- Personalbetreuung
  Auch im ideellen Bereich können durch Personalbetreuung Anreize geschaffen werden. Dazu können Statussymbole wie ein exklusiv ausgestattetes Teambüro oder auch Titel zählen. Förderlich für die Arbeitsmotivation, die das Wir-Gefühl der Mitarbeiter stärkt, sind Betriebsfeste, Tage der offenen Tür und Betriebsausflüge.
- Unternehmensführung
  Das Wir-Gefühl kann auch durch Corporate-Identity-Maßnahmen vermittelt werden. Das Image einer Organisation ist entscheidendes Kriterium für den Mitarbeiter im Hinblick auf seine Identifikation mit dem Unternehmen.
- Arbeitsorganisation
  Vor allem durch die Umsetzung des Prinzips der Schlanken Produktion wird der Arbeitsumfang des Mitarbeiters in der Regel vergrößert und bietet im Gegensatz zur fremdbestimmten konventionellen Arbeitsweise vielfältige Möglichkeiten, motivierende Anreize zu setzen.
- Personalentwicklung
  Die Personalentwicklung ist nicht nur aus personalwirtschaftlichen, sondern auch aus arbeitsmotivatorischen Gründen notwendig. Die Möglichkeit aufzusteigen und sich zu verbessern, befriedigt mehrere Motive wie Prestige oder Selbstverwirklichung. Voraussetzung dafür ist eine systematische Personalbeurteilung. Viele Unternehmen motivieren ihre Mitarbeiter auch dadurch, dass sie ihnen auf Firmenkosten die Teilnahme an Fortbildungsveranstaltungen zum Erwerb von Schlüsselqualifikationen ermöglichen.

Bewertung

Viele produzierende Unternehmen versuchen, Incentives als Motivator einzusetzen, Corporate Identity zu fördern, Fluktuation zu verringern, Arbeitsleistungen zu erhöhen oder Fehlzeiten zu reduzieren. Es wird versucht, direkt oder indirekt den Mitarbeiter zu motivieren oder zielgerichtetes Verhalten zu erzeugen. Incentives stellen demnach auch einen zentralen Teil der Unternehmens- und Personalpolitik dar.

Gerade vor dem Hintergrund des Themas Kaizen bekommen Incentives einen hohen Stellenwert. Eine Reihe von Unternehmen fördert das Ideenmanagement durch dieses Instrument und honoriert geäußerte und umgesetzte Verbesserungsvorschläge. Die Wirksamkeit von Incentives in einer *Schlanken Produktion* wird derzeit in der Praxis aktuell, aber auch kontrovers diskutiert.

Industriepark

Hintergrund

Die zunehmende Konzentration auf Kernkompetenzen hat zu einer höheren zwischenbetrieblichen Arbeitsteilung geführt. Trotz aller Chancen, die eine globale Vernetzung von Wertschöpfungspartnern mit sich bringt, zeigt die Erfahrung der jüngsten Zeit, dass es unverzichtbar ist, wichtige Wertschöpfungspartner sowie Produktionsdienstleister auch räumlich zusammenzufassen. Größere Kundennähe, verbesserter informeller Informationsaustausch und eine insgesamt höhere Flexibilität in der Auftragsabwicklung sind hier die Argumente. Eine systematisch betriebene Ansiedlung von Wertschöpfungspartnern an einem Standort schlägt sich in der Entwicklung so genannter *Industrieparks* nieder.

Konzept

Der Begriff Industriepark trat erstmalig in den 60er Jahren auf. Er bezeichnet eine industriell bzw. gewerblich erschlossene Fläche, die der gemeinschaftlichen Nutzung durch mehrere Unternehmen dient.

Ein Industriepark ist demnach eine abnehmernahe, gemeinschaftliche Ansiedlung von mehreren Zulieferern eines Abnehmers oder der eingeschalteten Dienstleister. Die Festlegung des Standorts eines Industrieparks erfolgt durch eine gesamtheitliche Erschließungs- und Ansiedlungsplanung. Im Verlauf der Inbetriebnahme des Standorts werden zum einen die gemeinschaftlichen Gebäude, Flächen und Infrastruktureinrichtungen bereitgestellt. Zum anderen führen die im Industriepark angesiedelten Unternehmen abnehmerspezifische Logistik- und Fertigungsprozesse durch. Mit der Einrichtung eines Industrieparks können im Rahmen der Beschaffungslogistik sowohl Kosten reduziert als auch der Service verbessert werden. Des Weiteren lassen sich enge Geschäftsbeziehungen aufbauen und absichern (vgl. Pfohl 2003, S. 302 f.).

Ein Industriepark wird charakterisiert durch die Unternehmen, die im Industriepark angesiedelt sind, und deren Beziehungen untereinander. Dabei ist bei der Standortentstehung wichtig, die Aufgabeninhalte und die Aufgabenträger zu definieren. Die umfassen Formen der gesamtheitlichen Planung (z. B. mit der Erstellung eines Erschließungs- und Ansiedlungsplans) und des Planungsträgers (z. B. Abnehmer).

Bewertung

Das Konzept des Industrieparks ermöglicht eine stärkere Einbindung des logistischen Umfeldes und eine effizientere Abwicklung unternehmensübergreifender Wertschöpfungsprozesse.

Vor dem Hintergrund der aktuellen Themen Produktions- und Wertschöpfungsnetzwerke sowie Produktionscluster bekommen Industrieparks eine neue Bedeutung. In den Fällen, in denen es nicht nur auf kürzeste Lieferzeiten und flexibles Reagieren auf Marktschwankungen ankommt, sondern darüber hinaus Produkte und Dienstleistungen unternehmensübergreifend entwickelt werden müssen, ist trotz aller heutzutage existierenden informationstechnischen Möglichkeiten eine räumliche Nähe der Wertschöpfungspartner unverzichtbar. Deswegen sind Industrieparks eine viel versprechende organisatorische Basis dieser Zusammenarbeit.

Insellogistiker

Hintergrund

In einer Schlanken Produktion ist die tayloristische Trennung zwischen planerischen und ausführenden Tätigkeiten weitgehend aufgehoben. Produktionsmitarbeiter sind angehalten, das System, in dem sie arbeiten, permanent zu verbessern. Eine tragende Säule dieses Konzeptes ist allerdings die klare Trennung zwischen ausführenden und logistischen Tätigkeiten. Waren die Aufgaben der Materialver- und Entsorgung im Zuge der Einführung von Gruppenarbeit durchaus Bestandteil des Tätigkeitsprofils von wertschöpfend tätigen Mitarbeitern, so übernehmen in einer *Schlanken Fabrik* diese Aufgaben so genannte *Insellogistiker*.

Konzept

Laut Takeda ist es sinnvoll, „Losgrößen zu verkleinern, um nur die benötigten Teile in notwendiger Stückzahl zum geforderten Zeitpunkt einzeln herzustellen." Die Zahl der Umrüstvorgänge wird erhöht. Die erforderliche Stückzahl wird rhythmisch in Losen produziert. „Die deswegen notwendige Pflege der Kanban und der Behälter ist von entscheidender Bedeutung" (Takeda 2002, S. 85 f.). Auch hierfür ist in der schlanken Produktion der Insellogistiker zuständig.

Zwischen den einzelnen Arbeitsplätzen einer Produktion muss ein Einzelstückfluss oder Einzelsatzfluss bzw. ein Fluss in kleinen Losen erzeugt werden. In kurzen Intervallen werden die Teile aus den Puffern an die Linien gezogen. Diese Aufgabe wird vom Insellogistiker durchgeführt. Er muss nach Takeda ein fähiger Werker sein, der die Situation in dem Bereich sehr gut kennt. Er kümmert sich außerdem um die Informationsübermittlung. Die Informationsmenge wird auf das notwendige Mindestmaß beschränkt. Dabei muss jedoch die Fähigkeit zur flexiblen Reaktion auf Veränderungen erhalten bleiben.

Teile und Informationen werden immer nur satzweise herangezogen. Durch die Zykluszeit des Logistikers wird die Teilemenge bestimmt. Der Logistiker ist zudem bei Bearbeitungslinien für unregelmäßig auftretende Arbeit zuständig. Er ist bei der Schlanken Produktion eine unverzichtbare Schlüsselfigur.

Bewertung

Bei der Umstellung einer konventionellen Produktion hin zu einer zuggesteuerten Schlanken Produktion wird man früher oder später auf die Notwendigkeit der Einrichtung des Insellogistikers stoßen. Fallweise Transporte von und zu einzelnen Anlagen werden ersetzt durch einen zyklischen Linienverkehr der innerbetrieblichen Transporteinheiten. Ob und inwieweit ein Insellogistiker sinnvoll eingesetzt werden kann, ist häufig ein Gradmesser dafür, inwieweit die Produktion verschwendungsfrei, rhythmisch und harmonisch abläuft. Störungen im Prozess oder eine Anordnung von Betriebsmitteln, die nicht den Fertigungsfluss widerspiegelt, sind klare Hemmnisse für die Einführung des Insellogistikers. Mit anderen Worten: Die erfolgreiche Einführung dieses Konzeptes ist ein Nachweis dafür, dass man auf dem Weg zur Schlanken Produktion ein gehöriges Stück vorangegangen ist.

Ishikawa-Diagramm

Hintergrund

Das *Ishikawa-Diagramm*, auch als *Fehlerbaum-*, *Fischgräten-* oder *Ursache-Wirkungs-Diagramm* bekannt, ist ein von dem Japaner Kaoru Ishikawa entwickeltes qualitatives Verfahren des modernen Qualitätsmanagements. Es zählt zu den Sieben Statistischen Werkzeugen der Qualitätskontrolle bzw. den Sieben Qualitätstechniken, die in der Regel auf mathematisch-statistischen Grundlagen basieren und dazu dienen sollen, Probleme zu erkennen sowie deren Ursachen herauszuarbeiten. Die Sieben Qualitätstechniken zielen allesamt auf Fehlerprävention, um damit eine gleich bleibend hohe Prozess- und Produktqualität zu gewährleisten. Ziel der präventiven Maßnahmen ist es, eine gleichbleibend hohe Prozess- und Produktqualität zu gewährleisten.

Das Ishikawa-Diagramm ist auf folgende Ziele ausgerichtet:

- Fehler von vornherein zu vermeiden
- Prozesse gegen Störgrößen unempfindlich zu machen
- Die Wünsche der Kunden zu berücksichtigen
- Das Streuungsverhalten der Prozesse zu überwachen

Konzept

Das Ishikawa-Diagramm wird häufig im Rahmen einer Teamsitzung zur Darstellung und Lösung von Problemen verwendet. Dabei ist es unverzichtbar, dass alle am Prozess Beteiligten herangezogen werden.

Für die Darstellung des Ishikawa-Diagramms werden im folgenden Abschnitt die Bezeichnungen Kopf des Fisches sowie „Gräten“ benutzt, da die Form des Diagramms an die Form eines Fisches erinnert; daher auch der synonym verwendete Begriff *Fischgräten-Diagramm*.

Um ein Problem lösen zu können, muss es zunächst einmal genau definiert werden. Dieses Problem ist daraufhin am Kopf des Fisches einzutragen. Dann beginnt die mit dieser Problemlösungsaufgabe betraute Arbeitsgruppe mit der Forschung nach der Hauptursache des Problems, indem die Haupteinflussgrößen, dafür kommen z. B. die so genannten 6 M (Management, Maschine, Material, Mensch, Methodik und Milieu) in Frage, ermittelt und an den Gräten eingetragen werden.

Innerhalb der Haupteinflussgrößen werden dann noch Einzelursachen herausgearbeitet, die wiederum unter Anwendung der fünf-Warum-Technik hinterfragt werden. „Problemlöser (…) fragen nicht einmal warum, sondern fünfmal. Oft liefert nämlich die erste Antwort nicht die wahre Problemursache“ (Imai 2002, S. 94). Das folgende Beispiel von Taiichi Ohno zum Herausfinden der Ursache für einen Maschinenstillstand soll die vorhergegangene Aussage untermauern (vgl. Imai 2002, S. 94):

1. Warum ist die Maschine stehen geblieben?

   Die Sicherung ist wegen Überlastung durchgebrannt.

2. Warum war die Maschine überlastet?

   Weil das Lager nicht richtig geschmiert wurde.

3. Warum wurde das Lager nicht richtig geschmiert?

   Weil die Ölpumpe nicht richtig funktioniert.

4. Warum funktioniert sie nicht richtig?

   Weil ihr Achslager schon ausgeleiert ist.

5. Warum ist es ausgeleiert?

   Weil Schmutz hineingelangt ist.

„Das fünfmalige Hinterfragen dieses Problems ermöglichte das Finden seiner wahren Ursache und eine wirksame Problemlösung: An der Pumpe wurde ein Siebfilter angebracht. Ohne wiederholtes Fragen wäre es wahrscheinlich durch Entfernen der Verunreinigung nur zu einer Schneereperatur gekommen“ (Imai 2002, S. 95).

„Nach Fertigstellung des Diagramms ist die mögliche Hauptursache für das Problem durch die Gruppe anzunehmen und zu diskutieren. Diese ist dann auf ihre Relevanz – z. B. durch Versuche – zu verifizieren. Sollte die angenommene Ursache nicht relevant sein, so ist die nächstmögliche in gleicher Weise zu bearbeiten usf.“ (Frehr 1994, S. 239).

Bewertung

Die Erstellung eines Ishikawa-Diagramms ist eine leicht erlernbare und anwendbare Methode der Problemursachenforschung. Die spezifische Darstellungsweise des Ishikawa-Diagramms trägt dazu bei, dass alle denkbaren Ursachen (Einzel- und Nebenursachen) für ein aufgetretenes Problem unter Berücksichtigung der verschiedenen Einflüsse transparent gemacht werden können. Diese Technik soll helfen, die Hauptursache für ein Problem zu erkennen, um es dann aus der Welt schaffen zu können. Die Beschränkung auf z. B. eine oder zwei Ursachen könnte dazu führen, dass das Problem nicht eliminiert werden kann, wenn diese Ursachen im Rahmen einer ganzheitlichen Betrachtung sich als eher nebensächlich erweisen würden. Die Hauptursachen blieben dadurch im Verborgenen.

Alle denkbaren Ursachen für ein Problem herauszuarbeiten, kann allerdings je nach Komplexität des Problems dazu führen, dass das Diagramm sehr umfangreich und dadurch unübersichtlich wird, was das Auffinden der Hauptursache erschweren könnte.

Just-in-Time (JIT)

Hintergrund

„Der zunehmende Konkurrenzdruck, steigende Kosten und die Forderung des Marktes nach Flexibilität zwangen die europäischen Unternehmen zur Ausschöpfung vorhandener Rationalisierungsreserven“ (Wildemann 2000, S. 51). Damit dies gelingen konnte, wurde das von dem Japaner Taiichi Ohno im Rahmen des *Toyota-Produktionssystems* beim japanischen Automobilkonzern Toyota Motor Company, Ltd. entwickelte und implementierte *Just-in-Time*-Konzept (JIT-Konzept) als Vorbild herangezogen und an die europäischen Verhältnisse angepasst. „So wurde Just-in-Time in der Produktion vieler europäischer Unternehmen implementiert. Später erfolgte die Ausweitung des Konzeptes über Unternehmensgrenzen hinweg über den Bereich der Zulieferung bis hin zum Kunden über die gesamte unternehmensübergreifende Wertschöpfungskette“ (Wildemann 2000, S. 51).

Konzept

Das Just-in-Time-Konzept ist eine Produktions- und Logistikstrategie, der Durchführung es ermöglicht, Güter zur richtigen Zeit in der richtigen Menge an den richtigen Ort zu liefern. Damit wird erreicht, dass Verschwendung beseitigt und insgesamt die Effizienz verbessert werden kann. Plant ein Unternehmen, dieses Konzept zu implementieren, „erfolgt eine Neuorganisation des betrieblichen Ablaufs, die sich auf den Material- wie auch auf den Informationsfluss mit dem Ziel erstreckt, die Aktivitäten des Wertschöpfungsprozesses an engen Marktbedürfnissen auszurichten“ (Wildemann 2000, S. 52).

Die Umsetzung des JIT-Konzeptes macht eine ganzheitliche Betrachtung des Wertschöpfungsprozesses notwendig. Das Konzept setzt sich aus drei Bausteinen zusammen (vgl. Wildemann 1992, S. 32 ff.):

- Baustein 1: Integrierte Informationsverarbeitung
- Baustein 2: Fertigungssegmentierung
- Baustein 3: Produktionssynchrone Beschaffung

Baustein 1: Integrierte Informationsverarbeitung

Die Produktionsgestaltung im Sinne von Just-in-Time erfordert einen Informationsfluss, der eng mit dem Materialfluss verknüpft ist und sich zeitlich vorgeschaltet in entgegengesetzter Richtung auf der gleichen Ebene bewegt. Auf diese Weise bilden sich so genannte selbststeuernde Regelkreise. Die Forderung nach einer verbrauchsgesteuerten Produktion wird erfüllt, indem Teile durch die einzelnen Stellen selbständig geordert werden und gleichzeitig eine Umkehrung der Bringschuld in eine Holpflicht durch den Verbraucher erfolgt. Die Einführung des Holprinzips bewirkt, dass der Produktionsauftrag von der verbrauchenden an die produzierende Stelle gegeben wird.

Ein weiteres Prinzip der integrierten Informationsverarbeitung ist die Implementierung einer papierlosen Produktion und Beschaffung, d. h., die auf dem Papier vorhandenen Informationen werden auf ein elektronisches Medium übertragen. Im Rahmen einer wertanalytischen Betrachtung ist es notwendig, ein papierloses Produktions- und Steuerungssystem zu installieren, um ohne zusätzliche Aufwendungen eine Kommunikation zwischen allen, die am Wertschöpfungsprozess beteiligt sind, zu ermöglichen.

Das dritte Prinzip – neben der Einführung des Holprinzips sowie der papierlosen Produktion und Beschaffung – ist die Kombination unterschiedlicher Planungs- und Steuerungsmethoden, um Kundenbedürfnisse im Sinne von „Produziere das, was der Kunde morgen benötigt" zu erfüllen.

Baustein 2: Fertigungssegmentierung

Die Einführung einer kundennahen Produktion nach dem JIT-Prinzip macht Strukturveränderungen im Wertschöpfungsprozess erforderlich, die im Rahmen einer Fertigungssegmentierung durchgeführt werden. Die Fertigungssegmentierung hat eine weitgehende Entflechtung der Kapazitäten zum Ziel durch eine ganzheitliche Betrachtung der logistischen Kette und deren bewusste Gliederung in organisatorische Einheiten nach Produkt und Technologie. Die produktionswirtschaftlichen Ziele – wettbewerbsfähige Kosten, Lieferzeit, Flexibilität und Qualitätssicherheit – stehen gleichrangig nebeneinander.

Baustein 3: Produktionssynchrone Beschaffung

Die produktionssynchrone Beschaffung setzt sich aus den Bausteinen:

- Teileauswahl,
- Lieferantenbewertung und -auswahl,
- Analyse des Informationsflusses zwischen Lieferant und Abnehmer und der einsetzbaren Kommunikationstechnologien,
- Qualitätssicherungs- und
- Speditionskonzept

zusammen, die hinsichtlich ihrer Ausgestaltungsformen und betriebswirtschaftlichen Konsequenzen zu analysieren sind. Bei der Auswahl der Zulieferunternehen für eine produktionssynchrone Beschaffung werden die Kriterien Preis, Qualität, Zuverlässigkeit und Service sowie auch ihre Anpassungsfähigkeit hinsichtlich gewünschter Anlieferungsfrequenz, exakter Termine und eines hohen Qualitätsstandards betrachtet. Bevorzugt werden spezialisierte Zulieferunternehmen, die die gesamte fremdvergebene Produktion abdecken und sich in räumlicher Nähe zum Abnehmer befinden. Daraus resultiert eine beiderseitige Abhängigkeit, von der aber beide Partner profitieren können. Größere Stückzahlen und eine längerfristige Kapazitätsauslastung ermöglichen Kostendegressionseffekte beim Zulieferunternehmen und eine nahezu bestandslose Fertigung mit einer Konzentration auf die strategisch wichtigen Produktionsbereiche beim Abnehmer.

Bewertung

Die Einführung von Just-in-Time kann bewirken, dass Bestände verringert, Probleme frühzeitig erkannt und beseitigt werden. Dadurch sind Produktivitätsfortschritte möglich, deren Realisierungsgeschwindigkeit abhängig davon ist, inwieweit die betroffenen Mitarbeiter bereit sind, die mit der Umsetzung des JIT-Konzepts einhergehenden Struktur- und Verhaltensänderungen zu unterstützen. „Voraussetzung hierfür ist die Bereitstellung von Problemlösungskapazitäten, die sicherstellen, dass bestehende Wissens- und Verhaltensbarrieren überwunden werden können. Um Quantensprünge zu erreichen, ist ein funktions- und hierarchieübergreifender Ansatz erforderlich, der einen zielgerichteten und konsensfähigen Veränderungsprozess ermöglicht“ (Wildemann 2000, S. 55).

Die objektorientierte Betriebsmittelausrichtung bei gleichzeitiger Kapazitätsharmonisierung ist charakteristisch für Just-in-Time. Die Anwendung dieses Konzeptes führt daher zu einer „Erhöhung des Wechselpotenzial durch die Reduzierung von Rüstzeiten sowie durch die Anwendung des Holprinzips“ und hat „signifikante Auswirkungen auf die Transport-, Wege- und Wartezeiten“ (Wildemann 2000, S. 56). Ablaufbedingte Warteschlangen und Zeitpuffer zwischen den einzelnen Bearbeitungsschritten können aufgrund einer Losgrößenreduzierung, die durch die Rüstzeitreduzierung sowie den Einsatz flexibler Maschinen mit kleinen Kapazitätsquerschnitten möglich wird, weitgehend vermieden werden. Mit der Verkürzung der Wiederbeschaffungs- und Auftragsdurchlaufzeiten innerhalb der eigenen Wertschöpfungskette aufgrund der Integration des Informations- und Materialflusses „wird die Voraussetzung geschaffen, die Lieferzeit zu reduzieren, ohne zusätzliche Fertigwarenbestände aufzubauen" (Wildemann 2000, S. 56). So entsteht „das notwendige Flexibilitätspotenzial, um der Zeitfalle auszuweichen, die durch die Verkürzung von Produktlebenszyklen und die damit verbundene Reduzierung von Einführungszeiten und Marktperioden entsteht" (Wildemann 2000, S. 56).

Bestandssenkungen, Zeitverkürzung, Flexibilität und – nicht zu vergessen – eine hohe Produktqualität bei moderaten Kosten sind Faktoren, die ganz entscheidend zu einer Verbesserung der Wettbewerbssituation beitragen können. „Dies ist der Fall, wenn von Kunden kritische Erfolgsfaktoren wie Preis, Qualität und Lieferservice wahrgenommen werden und eine dauerhafte Verbesserung in Relation zum Wettbewerber erreicht wird" (Wildemann 2000, S. 58).

Kanban

Hintergrund

Merkmal der Schlanken Produktion ist neben der Zugsteuerung auch die *Just-in-Time*-Anlieferung der benötigten Materialien auf *Shop-Floor-Ebene*. Hierzu wurde im *Toyota-Produktionssystem* (TPS) bereits in den 50er Jahren ein einfaches System der Materialversorgung entwickelt, welches sich an dem Prinzip des Nachfüllens von Supermarktregalen orientiert. Dieses System verspricht eine optimale Materialversorgung bei geringstmöglichem Steuerungsaufwand und wird als *Kanban* bezeichnet.

Konzept

Kanban ist der japanische Ausdruck für Karte oder Schild. Diese Karte – häufig ein Stück Papier in einer Plastikhülle – ist ein Informationsträger und enthält in der Regel folgende Daten (vgl. Kamiske, Brauer 2003, S. 103 f.):

- Name und Identifizierungsnummer des Teils oder Artikels
- Skizze der Teile
- Behälterart und Anzahl der Teile pro Behälter
- Herkunft der Teile (herstellende Abteilung oder Lieferant)
- Empfänger der Teile (verbrauchende Abteilung oder Kunde)
- Registriernummer und laufende Nummer des Kanbans
- Abholzeit (Zeitpunkt, wann die Teile zum Abholen bereitgestellt sein müssen)
- Ggf. zusätzliche Informationen (z. B. Arbeitsanweisungen, Prozessparameter)

Das Kanban-System ist somit „ein auf Karten basierendes Instrument zur Steuerung des Material- und Informationsflusses auf Werkstattebene (Fertigungssteuerung). Das Kanban-System übt keine Organisationsfunktion aus, es ist lediglich ein Steuerungsinstrument, das angewendet wird, um ein Produktionssystem nach dem Just-in-Time-Prinzip zu erreichen" (Kamiske, Brauer 2003, S. 99 f.). Nach dem Holprinzip entnimmt der nachgelagerte Arbeitsgang beim vorgelagerten nur das Teil, das gerade benötigt wird.

Die Produktionssteuerung nach dem Kanban-Prinzip erfolgt in einem Regelkreissystem aus sich selbst steuernden Regelkreisen. Zwischen den einzelnen Fertigungsstufen (hier z. B. Rohmaterial, Rohbearbeitung, Feinbearbeitung, Vormontage und Endmontage) liegen Zwischenlager und ganz am Ende das Fertiglager. Der Kanban dient dazu, „die Aktivitäten innerhalb des Produktionsprozesses in Form einer rückläufigen Informationsflusskette und einer vorwärtslaufenden Materialflusskette" (Kamiske, Brauer 2003, S. 104) miteinander zu verknüpfen, und kommt zwischen einer Quelle, die Material anliefert, und einer Senke, die dieses Material verbraucht, zum Einsatz. Bei diesem Vorgang kann der Kanban allerdings nicht über mehrere Regelkreise hinweg laufen. Die jeweiligen Zwischenlager können sowohl Quelle als auch Senke sein. Daraus resultieren zwei Ausprägungen von Regelkreisen und damit auch zwei grundsätzlichen Arten von Kanbans. Der Fertigungs-Kanban kursiert zwischen einer produzierenden Stelle (Quelle) und dem Zwischenlager (Senke), der Verbrauchs- oder Transport-Kanban zwischen dem Zwischenlager (Quelle) und einer verbrauchenden Stelle (Senke) (vgl. Kamiske, Brauer 2003, S. 104).

Die Anwendung von Kanban ist an eine Reihe von Randbedingungen geknüpft:

- Harmonisierte Kapazitäten
- Produktionsstufenbezogenes Fertigungslayout
- Geringe Variantenvielfalt
- Geringe Bedarfsschwankungen
- Störungsarmer Produktionsprozess
- Hohe Fertigungsqualität

- Weitgehend konstante Losgrößen
- Häufiges Auflegen kleiner und gleicher Lose
- Kurze Rüstzeiten

Die Bedarfsplanung bei der Kanban-Steuerung erfolgt langfristig und bedarf einer hohen Planungssicherheit. Es muss daher zur Abschätzung der nachgefragten Menge eine Prognose zukünftiger Bedarfe erfolgen. Eine Möglichkeit hierzu stellt die verbrauchsorientierte Bedarfsplanung dar, der die Vertriebszahlen der vorangegangenen Perioden zugrunde gelegt werden.

Bewertung

Das Kanban-System fand Ende der 70er Jahre seinen Weg nach Europa und wurde zunächst als ein Mittel zur Fertigungsfeinsteuerung eingesetzt. Oftmals wurden dabei die oben genannten Randbedingungen für einen erfolgreichen Einsatz ignoriert und Kanban in einer Form eingeführt, die versucht hat, mit allen Unwägbarkeiten der Produktion (Qualitätsprobleme, Maschinenstörungen, unzuverlässige Lieferung) fertig zu werden. Dies führte häufig zu einer klassischen Produktionssteuerung nach dem Push-Prinzip, das zwar den Namen Kanban trug, aber mit dessen tieferen Sinn nichts zu tun hatte.

Kanban ist nur vordergründig ein Instrument zur Steuerung der Fertigung, sondern als Element der Schlanken Produktion ein hervorragendes Werkzeug, um Verschwendung aufzudecken. „Es zeigt sofort, wo Verschwendung vorkommt, und ermöglicht so eine eingehende Ursachenüberprüfung und die richtige Umsetzung der Verbesserungsvorschläge" (Ohno 1993, S. 56). Daher erscheint es sinnvoll, ein System bzw. einen Meldemechanismus einzurichten, der Produktionsprozesse überwacht und automatisch informiert, wenn es zu Unregelmäßigkeiten kommt, um so fehlerhafte Endprodukte zu vermeiden. „Vertuschung darf nicht mehr möglich sein. Gerade hierin ist das Kanban-System unschlagbar" (Ohno 1993, S. 69).

Kaizen

Hintergrund

Die „Überzeugung einer nie endenden Verbesserung“ (Imai 2002, S. 31) ist in der japanischen Kultur tief verankert. Diese Überzeugung, die sich auf alle Bereiche des täglichen Lebens erstreckt, hat unter dem Begriff *Kaizen* Eingang in die Produktion gefunden.

Kaizen bedeutet übersetzt kontinuierliche *Verbesserung (Kai)* zum *Besseren (zen)*. Im japanischen Sprachgebrauch bezieht sich Kaizen auf jede Art der Verbesserung, sowohl im Arbeits- als auch im Privatleben. Nach Auffassung von Masaaki Imai ist Kaizen im Unternehmensbereich als das wichtigste japanische Managementkonzept anzusehen. Zudem ist er davon überzeugt, dass Kaizen den Schlüssel zum teilweise bestehenden Wettbewerbsvorteil der Japaner darstellt. Kaizen im Unternehmen ist dadurch gekennzeichnet, dass sich die stetigen Verbesserungen auf sämtliche betriebliche Vorgänge erstrecken, d. h., von der Idee zu einem Produkt, über die Fertigstellung, die Vermarktung bis hin zur Kundenpflege, dass sämtliche Hierarchieebenen, d. h., Mitarbeiter, Führungskräfte und Geschäftsleitung, in die Prozesse involviert werden.

Konzept

Zur erfolgreichen Umsetzung der Kaizen-Strategie müssen drei Voraussetzungen gegeben sein: Prozess-, Kunden- und Mitarbeiterorientierung.

Prozessorientierung

Kaizen verlangt eine konsequente Prozessorientierung und damit gleichzeitig auch die Abkehr von einer in erster Linie ergebnisorientierten Denkweise. Das Hauptaugenmerk bei einer prozessorientierten Ausrichtung liegt auf den Arbeitsprozessen, um bereits an dieser Stelle Verbesserungspotenziale zu erkennen und Verbesserungen auch in die Tat umsetzen zu können. Ein Kaizen-Unternehmen verspricht sich durch verbesserte Prozesse letztendlich auch bessere Ergebnisse als bei einer rein ergebnisorientierten Unternehmenskultur. Eine prozessorientierte Einstellung setzt allerdings auch eine starke Mitarbeiterorientierung voraus, denn die Mitarbeiter sind diejenigen, die die Verbesserungspotenziale hinsichtlich der Arbeitsprozesse erkennen sollen – wenn möglich – auch zu verbessern.

Kundenorientierung

„Der nächste Prozess ist der Kunde“ (Imai 2002, S. 95). Das oberste Ziel, das Kaizen verfolgt, ist die Zufriedenstellung der Kunden. Dabei wird kein Unterschied gemacht, ob es sich um externe Kunden oder um einen internen Kunden (nachgelagerte Abteilung im Unternehmen) handelt. Es hat absolute Priorität, die Kundenbedürfnisse adäquat zu erfüllen. Daher werden den Kunden auch nur solche Produkte bzw. Dienstleistungen angeboten, die sie auch tatsächlich nachfragen.

Mitarbeiterorientierung

Im Kaizen steht der Mensch im Mittelpunkt. Nicht nur die Beschäftigten des Unternehmens, sondern auch die Zulieferer und deren Mitarbeiter spielen eine entscheidende Rolle, um eine Zufriedenheit bei den Kunden herbeizuführen. Die Kaizen-Philosophie, d. h., die Verbesserungspotenziale im Unternehmen zu erkennen und Verbesserungen durchzuführen, muss von sämtlichen Beschäftigten aller Hierarchieebenen, vom Arbeiter bis hin zum Top-Management, getragen werden. Die Beschäftigten werden motiviert und trainiert, Probleme oder Situationen, die zu Problemen führen könnten, zu erkennen, sie zu lösen und diese Lösungen weiter zu verbessern.

Kaizen geht noch einen Schritt weiter: Im Gegensatz zum abendländischen Denken, in dem Mitarbeiterqualifikation ein Mittel zur Erreichung wirtschaftlicher Ziele darstellt, ist die fachliche und menschliche Weiterentwicklung der Mitarbeiter die eigentliche Bestimmung eines Unternehmens, welches Kaizen folgt.

Bewertung

Kaizen ist weder ein Projekt, noch ein Programm – es ist eine Geisteshaltung. Auf dem Weg zu Kaizen ist es für die Unternehmensleitung von entscheidender Bedeutung, verschiedene Bedingungen zu beachten. Die Unternehmensleitung sollte den Kaizen-Gedanken völlig verinnerlichen und nach außen so überzeugend repräsentieren, dass es möglich ist, ihn auf das gesamte Unternehmen auszubreiten. Um Kaizen adäquat umzusetzen, müssen sämtliche Beschäftigte aller Hierarchieebenen davon überzeugt sein und den Gedanken leben. Erst dann ist zu erwarten, dass die im Zusammenhang mit Kaizen entstandenen Methoden ihre volle Wirkung entfalten werden.

Kernkompetenzen

Hintergrund

Im Jahr 1990 beschäftigten sich die Wirtschaftstheoretiker C. K. Prahalad und Gary Hamel intensiv mit den Geschäftspraktiken japanischer Konzerne und kamen dabei zu der Erkenntnis, dass die Konzentration auf das, was ein Unternehmen wirklich gut beherrscht, maßgeblich zum Erfolg beiträgt. Dies hatte zur Folge, dass eine Reihe von Unternehmen diese verheißungsvolle Idee aufgriffen, die sich inzwischen im strategischen Management weitgehend etabliert hat. So genannte *Kernkompetenzen*, die sich aus Wissen, Fähigkeiten sowie Erfahrungen zusammensetzen, müssen unterschieden werden von den Dingen, die ein Unternehmen nur mittelbar benötigt und im Zweifel nur mäßig beherrscht.

Die im Zuge des organischen Wachstums von Unternehmen notwendig gewordene Rückbesinnung auf ihren Kern war für diese Unternehmen auch gleichzeitig ein Mittel zur Selbstwahrnehmung und zur Neuausrichtung.

Konzept

„Unter Kernkompetenzen (*engl.: core competences*) versteht man die ganz spezifischen Fähigkeiten und Fertigkeiten eines Unternehmens, die sein besonderes Know-how ausmachen, beispielsweise die Beherrschung einer speziellen Fertigungstechnologie. Kernkompetenzen charakterisieren sich dadurch, dass sie von entscheidender Bedeutung für die strategische Zielsetzung des Unternehmens sind" (Kamiske, Brauer 2003, S. 124).

C. K. Prahalad und Gary Hamel stellten das Unternehmen anschaulich als einen Baum dar. Die Wurzeln des Baumes sind die Kernkompetenzen, aus denen die Kernprodukte des Unternehmens erwachsen, die als Stamm und dicke Äste dargestellt werden. Die kleineren Äste und Zweige stehen repräsentativ für die verschiedenen Geschäftsbereiche bzw. -einheiten in einem Unternehmen, während die Blätter, Blüten und Früchte letztendlich als die Endprodukte anzusehen sind.

Aber an welchen Merkmalen können Kernkompetenzen eigentlich erkannt werden? Kamiske und Brauer umschreiben den Begriff Kernkompetenzen folgendermaßen (vgl. Kamiske, Brauer 2003, S. 125):

- Durchziehen als integrierte Gesamtheit die Prozesse der Wertschöpfungskette im Unternehmen
- Spiegeln sich in der Unternehmenskultur als gemeinsame Werthaltung wider
- Sind gegenüber Wettbewerbern einmalig und schwer imitierbar
- Resultieren aus Lernprozessen der Organisation
- Sind dezentral im Unternehmen verteilt und wurzeln nicht nur in individuellen, sondern auch in kollektiven Strukturen
- Beziehen sich auf ein Kundenproblem, das in gleicher oder ähnlicher Form in verschiedenen Zusammenhängen auftritt, so dass potenziell der Zugang zu einer Vielzahl von Märkten eröffnet wird

In ihren weiteren Ausführungen gehen Kamiske und Brauer auf drei Bereiche unternehmensspezifischer Aktivitäten ein, in denen Kernkompetenzen ihrer Ansicht nach eine herausragende Rolle für den strategischen Erfolg spielen:

- Marktbezogene Kernkompetenzen
- Integrationsbezogene Kernkompetenzen
- Funktionsbezogene Kernkompetenzen

Marktbezogene Kernkompetenzen ermöglichen eine gezielte Bearbetung der Märkte und stellen den Kontakt zu den Kunden her. Dabei sind in erster Linie Fähigkeiten in den Bereichen Vertrieb und Marketing angesprochen.

Integrationsbezogene Kernkompetenzen sorgen dafür, dass die Teilbereiche des Unternehmens schnell, flexibel und zuverlässig zusammenarbeiten. Sie sind ein wesentlicher Faktor dafür, dass dem Kunden eine Leistung angeboten wird, auf deren Qualität er sich verlassen kann, und beziehen sich daher auf Basis- und Leistungsanforderungen.

Funktionsbezogene Kernkompetenzen verleihen den Endprodukten herausragende Funktionseigenschaften. Sie sind dafür verantwortlich, dass ein Unternehmen Produkte und Dienstleistungen anbieten kann, die sich aus Kundensicht deutlich von denen der Wettbewerber abheben und den Kunden nach Möglichkeit sogar begeistern.

C. K. Prahalad und Gary Hamel beschreiben Kernkompetenzen als das kollektive Wissen der Organisation, insbesondere zur Koordination der Produktion und der Integration unterschiedlicher Technologiefelder. Voraussetzungen dafür seien die Kommunikation, das Engagement und die Entschlossenheit, um Organisationsbarrieren zu überwinden. Sie weisen darauf hin, dass Kernkompetenzen sich nicht abnutzen, sondern im Gegensatz zu materiellen Aktiva durch den Gebrauch zunehmen.

Bewertung

„Die sinnvolle Nutzung von Kernkompetenzen als Antrieb für den zukünftigen und nachhaltigen Erfolg erfordert eine Reihe von Maßnahmen bzw. Verhaltensweisen im Unternehmen" (Kamiske, Brauer 2003, S. 126). Hierzu gehören:

- Zielgerichtete Auswahl derjenigen Fähigkeiten, Fertigkeiten und Technologien als Kernkompetenzen, die einen außerordentlichen Beitrag zum vom Kunden wahrgenommen Nutzen darstellen und dem Unternehmen damit einen einzigartigen Wettbewerbsvorteil verschaffen.
- Erschließung von internem und externem Wissen durch organisationsübergreifende Kommunikation und Lernanstrengungen zum schnellen und wirtschaftlichen Aufbau und Erhalt von Kernkompetenzen.
- Synergetische Nutzung von Kernkompetenzen zwischen Unternehmensbereichen zur leichteren Erschließung neuer Geschäftsfelder
- Schutz der Kernkompetenzen durch laufende Unterstützung in organisatorischer und finanzieller Hinsicht

Das Sich-Bewusst-Machen der eigenen Kernkompetenzen ist unverzichtbare Voraussetzung für richtige Make-or-Buy-Entscheidungen. Vor dem Hintergrund der sich gegenwärtig ausbreitenden Kooperationen – genannt seien hier exemplarisch die Produktionsnetzwerke – ist Exzellenz die notwendige Voraussetzung dafür, in diesen Netzwerken eine Rolle zu spielen. Die Konzentration auf Kernkompetenzen hilft, diese Exzellenz zu identifizieren und zu entwickeln.

Komplexität

Hintergrund

Ausgelöst durch die gewandelten Kundenanforderungen sahen sich die Unternehmen angesichts des gestiegenen Wettbewerbs in den vergangenen Jahren gezwungen, ihr Leistungsangebot mit einer größeren Vielfalt und Individualität zu versehen. In den unterschiedlichen

Leistungsdimensionen der Unternehmen führte dies zu einer rasant wachsenden Ausprägung verschiedener Formen der Vielfalt, die bis heute anhält (vgl. Kleinaltenkamp 1998, S. 218).

Komplexität wird durch Vielfalt und deren Handhabung erzeugt. Entlang der Wertschöpfungskette kann Komplexität durch unterschiedliche Arten von Vielfalt erzeugt werden:

- Lieferantenvielfalt
- Materialvielfalt
- Teilevielfalt
- Variantenvielfalt
- Distributionskanalvielfalt
- Kundenvielfalt

So hat die Reduzierung der Fertigungstiefe unter anderem zur Entwicklung der Komplexität in der Beschaffung aufgrund der Lieferantenvielfalt beigetragen. Die Komplexitätserhöhung im Bereich der Zulieferung ist auch auf das Wachstum der Produktkomplexität zurückzuführen. Ursachen hierfür liegen in der komplizierten Technik, der stark wachsenden Variantenzahl sowie den gestiegenen Qualitätsanforderungen (vgl. Wildemann 2000, S. 62 f.).

Konzept

Zunehmende Komplexität macht Unternehmen zunehmend handlungsunfähig – sie ersticken förmlich an ihrer eigenen Vielfalt. Darüber hinaus kostet Komplexität Geld. Aus diesem Grund sind die Reduzierung und die Beherrschung von Komplexität herausragende Managementaufgaben unserer Zeit.

Komplexitätsreduzierung

Die Ansätze der Komplexitätsreduzierung zielen auf eine Reduktion des Produktionsprogramms ab. Bei der Reduktion des Kundenspektrums wird hierzu ein indirekter Weg gewählt, indem beispielsweise eine Clusterbildung der Kunden nach Branchen erfolgt oder aber – mit Hilfe einer umsatzorientierten *ABC-Analyse* der Kunden – eine Gruppenbildung vorgenommen wird. Anschließend werden die Kundengruppen in einer Deckungsbeitragsanalyse miteinander verglichen.

Bei der Reduktion des Produktionsprogramms wird ähnlich vorgegangen, wobei der Ausgangspunkt der Untersuchung das Produkt ist. Hier wird analysiert, welche Produkte nach Umsatz und Stückzahl in die Kategorie der C- oder D-Produkte gehören. Sollte es sich ergeben, dass diese Produkte einen negativen Deckungsbeitrag erzielen, der unter Berücksichtigung der Komplexitätskosten ermittelt wurde, so sind diese Produkte als kritisch zu betrachten.

Komplexitätsbeherrschung

Lassen sich die Ansätze der Komplexitätsreduzierung nur begrenzt realisieren, so ist hinsichtlich der Produktion die Einsatzmöglichkeit folgender Maßnahmen zur Komplexitätsbeherrschung zu prüfen:

- Verschiebung der Bevorratungsebene in Richtung Anfang der Wertschöpfungskette

  Gerade bei zunehmenden Variantenzahlen werden die Prognosen immer unsicherer. Im Ergebnis führt das zu immer höheren Beständen im Fertigwarenlager, da eine Vielzahl von Produkten mit unbekanntem Bedarf vorzuhalten ist. Eine Möglichkeit, diesem Dilemma aus Bestandskosten und Kundenflexibilität zu entgehen, bietet die Vorverlagerung der Bevorratungsebene. In Abhängigkeit von verschiedenen Kriterien ist sie auf einer Wertschöpfungsstufe unterhalb des Fertigungswarenlagers zu definieren. Die Durchlaufzeit muss kürzer als die marktakzeptable Lieferzeit sein.
  Weiterhin ist die Bevorratungsebene vor einen Wertesprung zu legen, um Bestandskosten zu reduzieren. Letztlich muss es ein Ziel sein, Teile und Baugruppen mit hoher Mehrfachverwendbarkeit auftragsanonym zu produzieren, zu bevorraten und bei Vorliegen eines Kundenauftrags kundenspezifische Varianten fertig zu stellen.

- Verschiebung des Variantenbestimmungspunkts in Richtung Ende der Wertschöpfungskette

  Zur Reduzierung der Logistikkosten, die aus der Variantenvielfalt auf allen Produktionsstufen resultiert, ist eine Verschiebung des Variantenbestimmungspunktes in Richtung Ende der logistischen Kette anzustreben.
  Diese Art der Komplexitätsbewältigung identifiziert zunächst die variantenbestimmenden Einflussfaktoren und prüft, inwieweit durch Konstruktionsänderungen oder neue Fertigungsverfahren der Variantenbestimmungspunkt nach hinten, d. h., in Kundennähe, verschoben werden kann.

- Fertigungssegmentierung

  Der weitestgehende Ansatz zur Komplexitätsbewältigung impliziert eine modulare Gestaltung der Produktion durch Fertigungssegmentierung. Ablauforganisatorisch kann dann die Fertigungsauftragsgröße differenziert werden, indem in vorgelagerten Bereichen Standardmengen gefertigt werden und in den nachgelagerten Bereichen kundenauftragsorientiert produziert wird.

Komplexitätsvermeidung

Im Sinne des Komplexitätsmanagements bedeutet die Erfüllung des Kundennutzens, alle vom Kunden geforderten Varianten kostengünstig, den qualitativen Anforderungen entsprechend und zeitgerecht auf dem Markt anzubieten zu können. Produkte können Über- oder Unterfunktionalitäten aufweisen und somit eine mangelnde Ausrichtung auf die Kundenbedürfnisse zeigen.

Überfunktionalität der Produkte spiegelt sich oftmals in einer unnötig komplexen Produktstruktur wider. Die hierdurch erzeugten höheren Kosten können selten durch die Erzielung höherer Preise ausgeglichen werden.

Bewertung

Komplexere Absatzprozesse und Leistungsindividualisierung sind die logischen Folgen einer zunehmenden Kundennähe. Dabei darf keinesfalls übersehen werden, dass die damit verbundenen gegenläufigen Kosteneffekte den ökonomischen Vorteil einer größeren Marktorientierung durchaus aufzehren können. Ein Erfolgsversprechender Lösungsansatz besteht für produzierende Unternehmen darin, marktseitig zwar eine größtmögliche Vielfalt an Produkten und logistischen Leistungen anzubieten, jedoch durch Standardisierung und um durch Modularisierung von Produktkomponenten, Produktionsbereichen und Geschäftsprozessen die damit verbundene Komplexität zu beherrschen.

Komplexitätskosten

Hintergrund

Die steigende Vielfalt an Produkten, produktionsnahen Dienstleistungen und Prozessen verursacht administrative Kosten und Kosten für die Bereitstellung von Leistungen. Darüber hinaus erfordert die damit einhergehende Steigerung der Komplexität eine deutlich intensivere Planung, Steuerung und Kontrolle der notwendigen Aktivitäten und verursacht in fast allen Unternehmensbereichen zusätzliche Kosten. Man spricht in diesem Fall von *Komplexitätskosten.*

Konzept

Trotz ihrer Bedeutung werden Komplexitätskosten von der Kostenträgerrechnung der herkömmlichen Verfahren in der Regel nicht bzw. in falscher Höhe erfasst. Die Verfahren orientieren sich nämlich nicht an den tatsächlich in Anspruch genommenen Ressourcen eines

Kostenträgers, sondern verrechnen die in den einzelnen Kostenstellen erfassten Gemeinkosten vielmehr pauschal anhand von Zuschlagssätzen. Somit wird ignoriert, dass beispielsweise umsatzschwache Varianten einen teilweise fast gleich hohen Planungs- und Steuerungsaufwand in bestimmten Gemeinkostenbereichen verursachen wie umsatzstarke Hauptprodukte.

Bei der Betrachtung der Struktur der Komplexitätskosten fällt auf, dass in der Regel sowohl einmalige Kosten (z. B. die spezifische Änderung einer Konstruktionszeichnung) als auch laufende Kosten (z. B. die laufende Fertigungsplanung für eine Variante) entstehen. Diese Kosten können jeweils wiederum in direkte Kosten (z. B. Anschaffung eines spezifischen Werkzeugs) und in indirekte Kosten (z. B. überproportional größere Koordinierungsanstrengungen in der Wertschöpfung aufgrund überhöhter Variantenzahl) unterteilt werden.

Es gilt also, die komplexen Vorgänge in den Bereichen, die sich häufig über mehrere Kostenstellen hinweg erstrecken, zu berücksichtigen. Zur Lösung der Problematik wird der Ansatz der Prozesskostenrechnung vorgeschlagen. Synonyme Begriffe für diesen Ansatz sind: *Vorgangskostenrechnung, aktivitätsorientierte Kostenrechnung, Aktivitäts-Controlling, Activity-Based-Costing.*

Differenzierung der Komplexitätskosten

Die Ableitung der Komplexitätskosten kann anhand folgender Punkte erfolgen (vgl. Wildemann 2002, S. 179 ff.):

- Prozessbezogene Kosten, bedingt durch die fixierte Aufbau- und Ablauforganisation
- Prozessbezogene Kosten, bedingt durch zu gering ausgeprägte Mitarbeiterqualifikation und fehlende Zusammenführung von Aufgabe, Kompetenz und Verantwortung (Spezialisierungskosten)
- Prozessbezogene Kosten, bedingt durch Medienbrüche
- Prozessbezogene Kosten, bedingt durch informations- und kommunikationstechnologiebezogene Datenkonsistenz
- Produktinduzierte prozessbezogene Kosten der vermeidbaren Aktivitäten in indirekten und direkten Bereichen
- Produktinduzierte Mehrkosten durch vermeidbare Materialvielfalt bei Einstandpreisdifferenzen
- Produktinduzierte Mehrkosten wegen zu geringer Standardisierung und Mehrfachverwendung sowie zu geringer Normteilquote in indirekten Bereichen

Erkennbar ist die notwenige Trennung einerseits prozessinhärenter, anderseits durch Produkte ausgelöster Komplexitätskosten. Hierdurch wird ermöglichst, die mit Kosten bewerteten Ursachen der Komplexität eindeutig zu identifizieren.

Ermittlung der Kostenarten

Im Rahmen einer Pareto-Betrachtung besteht die Möglichkeit sowohl aus Sicht von Produkten als auch von Prozessen, eine Trennung von unbedeutenden Einflussgrößen der Komplexität auszufiltern. So werden bei auftragstypenbezogenen Prozessen alle erforderlichen Vorgänge in Anspruch genommener Haupt- und Teilprozesse ermittelt. Bei jeder den Prozess bildenden Aktivität wird geprüft, welche der Kategorien ursächlich die Komplexität bestimmt. So kann der Anteil der Komplexitätskosten an den Prozesskosten eines Teil- und Gesamtprozesses ermittelt werden. Die Komplexitätskostenarten können dann den Differenzierungskriterien zugeordnet werden. Daraus ergeben sich dann folgende Kostenarten der Komplexität:

- Kommunikations-/Informationsaustauschkosten
- Koordinationskosten
- Entscheidungs- oder Beschlusskosten
- Abstimmungskosten
- Anpassungskosten
- Doppelerfassungskosten
- Suchkosten
- Kosten der Verwechslung
- Abweichungskosten (qualitätsbezogen)
- Planungs- und Steuerungskosten
- Lieferantenwechsel- und Pflegekosten
- Mehrkosten durch höhere Einstandspreise
- Zusätzliche Kapitalbindungskosten
- Nicht erforderliche Mehrkosten der Wertschöpfung
- Kosten des Absentismus (vgl. Wildemann 2002, S. 179 ff.)

Bewertung

Um wettbewerbsfähige Kosten zu erreichen, muss die Kostenstruktur durch ein entsprechendes Controlling der Kosten für Komplexität verbessert werden. Trotz erster Ansätze, die Komplexitätskosten mit dem Instrument der Prozesskostenrechnung zu erfassen, existiert bislang kein schlüssiges Konzept für die Bestimmung und Beeinflussung von Komplexitätskosten. Aus diesem Grund sind die Verantwortlichen in den Unternehmen oftmals darauf angewiesen, das Maß der Komplexität und deren Kosten an Indikatoren wie dem Logistik- oder Vertriebskostenanteil eines Produkts oder den Kosten für Overhead einer Organisation festzumachen.

Konsignationslager

Hintergrund

Die unbedingte Liefertreue gegenüber dem Kunden und der damit verbundene Bedarf an flexibler Lieferleistung durch die eigenen Zulieferer forderte vom Abnehmer in der Vergangenheit folgende Entscheidung:

Entweder gilt es Material zu lagern, um dem Risiko von lieferantenseitigen Lieferproblemen zu begegnen, oder die Versorgungssicherheit durch eine Verkürzung der Bestellzyklen mit den damit verbundenen höheren Dispositionskosten zu garantieren.

Beide Lösungen sind nicht mehr unbedingt zeitgemäß, so dass Produzenten neue Wege suchen. Sie sehen derzeit im Konzept des *Konsignationslagers* einen viel versprechenden Ansatz.

Konzept

Als Konsignationslager wird ein produktionsnahes Lager beim Abnehmer bezeichnet, das durch einen beauftragten Dienstleister geführt und verwaltet wird. Der Lieferant stellt in diesem Lager Waren zur Verfügung, die nur nach der Entnahme durch den Abnehmer berechnet werden (vgl. Thaler 2003, S. 198).

Durch ein Konsignationslager können Bestände reduziert und gleichzeitig optimale Fertigungs- und Transportlosgrößen erreicht werden. Wesenselement der Konsignation ist, dass die Vorräte so lange Eigentum des Lieferanten (des *Konsignanten*) bleiben, bis entweder eine festgelegte Frist verstreicht oder der Kunde (der *Konsignator*) die Ware aus dem Konsignationslager abruft.

Nicht selten befindet sich das Konsignationslager, räumlich und organisatorisch getrennt, auf dem Werksgelände des Kunden. Zum Teil wird ein Dritter, zumeist eine Spedition, in die Abwicklung über Konsignation integriert. Die Partner schließen einen Konsignationsvertrag, der auf dem allgemeinen Rahmenvertrag beruht.

Die Schnittstellen zwischen Lieferant und Kunde bilden die Dispositionsabteilungen. Anbieter und Abnehmer steuern die Konsignation über Liefer- und Feinabrufe. Die Partner erhalten Informationen für ihre Materialbeschaffung und Kapazitätsplanung. Jede Entnahme aus dem Konsignationslager wird automatisch registriert. Sie löst eine Verbrauchsmeldung aus und ist Basis für eine Bezahlung (vgl. Werner 2001, S.105 f.).

Gründe für die Durchführung von Konsignation aus der Sicht des Kunden sind (vgl. Thaler 2003, S. 199):

- Die Verminderung der Kapitalbindung durch verzögerten Eigentumsübergang
- Eine Erhöhung der Versorgungssicherheit (Beruhigung im Fertigungsprozess, da Vorräte jederzeit aus dem Konsignationslager abzuziehen sind)
- Die Optimierung der Durchlauf- sowie der Rüstzeiten
- Möglichkeit zur Kostenreduzierung, insbesondere von Transportkosten, Bestandskosten und Verwaltungskosten
- Hohe Verfügbarkeit und Versorgungssicherheit durch lokale Nähe und
- Senkung des Dispositionsrisikos, transparente Bestandsführung und vereinfachte Beschaffung. Abrechnung und Fakturierung erst nach Entnahme

Gründe zur Durchführung der Konsignation aus Sicht des Lieferanten sind:

- Eine Reduzierung der Lagerhaltung am Standort des Lieferanten für die jeweilige Sachnummer
- Der Erhalt eines Aufgelds pro Artikel durch den Kunden
- Sicherung eines längerfristigen Auftragsbestandes
- Die Fertigung und der Transport in optimaler Losgröße
- Standardisierte Zahlungsabwicklung
- Reduzierung der Transport- und Verpackungskosten

Ausschlaggebend für die Einrichtung der Konsignation ist aber häufig die Marktstellung des Kunden, der den Lieferanten faktisch zur Konsignation zwingt.

Unstimmigkeiten können zwischen Lieferanten und Abnehmer bei aus den im Einzelnen zu treffenden vertraglichen Regelungen resultieren, wie z. B.:

- Bei der Festlegung der Dispositionsstrategie
- Versicherung und Schutz der Ware im Konsignationslager
- Abnahmeverpflichtungen bei Vertragsende
- Bei Entnahmemeldungen

Bewertung

Bestände sind Indikatoren für die Güte von produktionslogistischen Systemen und sind mit teilweise erheblichen Kapitalbindungs- und Lagerhaltungskosten verbunden. Konsignation ist zwar eine Möglichkeit, diese Kosten auf den Lieferanten zu verlagern – das zugrunde liegende Problem wird dadurch aber nicht gelöst. Außerdem darf keinesfalls übersehen werden, dass in der Regel alle Teilnehmer an Wertschöpfungsketten sowohl Abnehmer als auch Lieferanten sind. Eine konsequente Umsetzung des Konsignationsgedankens würde lediglich dazu führen, dass Bestände nicht verschwinden, sondern in der gesamten Wertschöpfungskette lediglich um jeweils eine Stufe lieferantenseitig verlagert werden.

Kundenentkopplungspunkt

Hintergrund

Produktionsprogramme umfassen grundsätzlich sowohl bereits erteilte Aufträge (insbesondere Kundenaufträge und ggf. interne Entwicklungsaufträge) wie auch prognostizierte Bedarfe. Letztere werden aufgrund von Marktbeobachtungen, statistischen Auswertungen von Vergangenheitsdaten oder Absatzprognosen erstellt.

Im Hinblick auf ein möglichst exaktes Produktionsprogramm ist prinzipiell wünschenswert, das Produktionsprogramm auf einem möglichst großen Anteil konkreter Kundenaufträge aufzubauen. Da jedoch die vom Markt geforderten Lieferzeiten oft kürzer sind als die benötigten Durchlaufzeiten durch die Produktion und die Wiederbeschaffungszeit für Material, ist es in der Regel erforderlich, so genannte *Kundenentkopplungspunkte* zu definieren.

Konzept

Der Kundenentkopplungs- oder Kundenauftragsentkopplungspunkt (KAEP) bezeichnet also diejenige Stelle in der *Supply Chain*, ab der die Aufträge bestimmten Kunden zugeordnet sind, d. h., vor dem Entkopplungspunkt wird kundenanonym aufgrund von Prognosen geliefert bzw. produziert, danach kundenauftragsbezogen. Nach dem Entkopplungspunkt steht die so genannte agile Lieferkette im Blickpunkt. Deren Zielsetzung liegt primär in der Einhaltung der zugesagten Lieferzeit, die Auslastung der Betriebsmittel und niedrige Bestände haben eine geringere Bedeutung (Beckmann 2003, S. 33).

Demgegenüber sind die Prozesse vor dem Entkopplungspunkt als effiziente Lieferketten zu gestalten, welche auf eine hohe Auslastung und niedrige Umlaufbestände zielen; die Liefertreue und die Durchlaufzeit sind nicht so bedeutend.

Ausgehend von den Kundenanforderungen ist entscheidend für die Festlegung, ob eine Lieferkette für ein Standardprodukt oder ein kundenspezifisches Produkt zu entwerfen ist und wie damit zusammenhängend die Aufteilung der Wertschöpfungsprozesse der Akteure der Lieferkette in kundenauftrags- sowie prognosegetriebene Prozesse vorgenommen wird. Daraus resultierend sind alternative Lieferketten und Planungskonzeptionen zu untersuchen (Beckmann 2003, S. 35).

Bewertung

Bei der Definition von Kundenentkopplungspunkten ist zu berücksichtigen, dass diese sich von Produkt zu Produkt unterscheiden können. Und auch innerhalb eines Produktes können einzelne Komponenten auftragsbezogen beschafft und produziert werden, während unter Umständen ganze Baugruppen desselben Endproduktes kundenanonym vormontiert werden. Schließlich können sich die Kundenendkopplungspunkte im Laufe der Produktlebenszeit verschieben. Bei der Realisierung von Kundenentkopplungspunkten muss stets klar sein, dass unterschiedliche und parallel existierende Planungs- und Dispositionsstrategien notwenig sind, die in entsprechenden Logistikstrategien und in Parametereinstellungen der betrieblichen Software abzubilden sind.

Lean Production

Hintergrund

Lean Production (Schlanke Produktion) ist eine Unternehmensphilosophie japanischen Ursprungs, die „das Management eines Unternehmens im Hinblick auf Ziele wie Qualität, Produktivität, Flexibilität und Mitarbeitermotivation“ unterstützt. „Verschwendung aller Art (z. B. Zwischenlager, Überkapazitäten) wird vermieden und der Kunde rückt in den Mittelpunkt aller Bemühungen“ (Kamiske, Brauer 2003, S. 327).

Die Ursprünge von Lean Production reichen bis in die 50er Jahre zurück, als sich die japanische Automobilindustrie der großen Herausforderung gegenübergestellt sah, mit europäischen und US-amerikanischen Unternehmen zu konkurrieren trotz der denkbar ungünstigen Bedingungen (Mählck, Panskus 1995, S. 24):

- Der Binnenmarkt war sehr klein und verlangte eine breite Fahrzeugpalette – luxuriöse Wagen für Regierungsbeamte, Lkw für den Gütertransport, kleine Lkw und Pickups für Japans Kleinbauern und kleine Pkw für Japans überbevölkerte Städte.
- Die japanischen Arbeitskräfte waren, wie Toyota und andere Firmen bald merkten, nicht länger bereit, als variable Kosten oder austauschbare Teile behandelt zu werden. Sie setzten ihre Unkündbarkeit und Erfolgsbeteiligung durch.
- Die vom Krieg zerstörte japanische Wirtschaft hatte wenig Kapital und Devisen, so dass umfangreiche Käufe der neuesten westlichen Produktionseinrichtungen unmöglich waren.
- Die Außenwelt war voller großer Autoproduzenten, die begierig darauf waren, in Japan Betriebe zu eröffnen, und bereit, ihre etablierten Märkte gegen japanische Exporte zu verteidigen.

Aufgrund dieser Bedingungen sah sich Toyota gezwungen, ein Produktionssystem zu entwickeln, das mit der so genannten *tayloristischen Massenfertigung* der westlichen Unternehmen konkurrieren konnte. Das Ergebnis dieser Bemühung war das *Toyota-Produktionssystem*, welches später aufgrund der MIT-Studie als Lean Production einen hohen Bekanntheitsgrad erlangte.

„Mit dem Lean-Production-Modell ist ein ganzheitlicher Ansatz gefunden worden, dessen Umsetzung den Unternehmen eine wettbewerbssichernde und zukunftsorientierte Position im Weltmarkt schafft" (Mählck, Panskus 1995, S. 11).

Konzept

Lean Production ist dadurch gekennzeichnet, dass in Prozessen bzw. Unternehmensabläufen unter Einbeziehung sämtlicher Unternehmensbereiche nur die Ressourcen zum Einsatz kommen, die tatsächlich benötigt werden oder vielmehr an der Wertschöpfung unmittelbar beteiligt sind.

Lean Production bedeutet im Wesentlichen:

- Vermeidung von Verschwendung im Einsatz der Ressourcen zur Wertschöpfung
- Effektiver Materialfluss statt hoher Bestände
- Fehlervermeidung statt aufwändiger und kostenintensiver Nacharbeit
- Kompetente, inhaltsreiche und verantwortungsvolle Arbeit in Selbststeuerung statt Fremdbestimmung und Monotonie

Prozesse bzw. Unternehmensabläufe sollen auf diese Weise dahingehend optimiert werden, dass folgende Hauptziele erreicht werden können (Mählck, Panskus 1995, S. 22):

- *Qualitätserhöhung*: Null-Fehler-Strategie, Entwicklungsqualität, Produkt- und Prozessqualität
- *Zeitreduzierung*: kurze Durchlaufzeiten, zuverlässige Prozesse, Vermeiden von Verschwendung
- *Kostenreduzierung*: effiziente Wertschöpfung, Vermeiden von Gemeinkosten, niedrige Herstellkosten

Mählck und Panskus (1995, S. 177 ff.) gehen in ihren weiteren Ausführungen auf die Vorgehensweise für eine Erfolgsversprechende Umsetzung von Lean Production in Deutschland ein, wobei einzelne Schritte simultan durchgeführt werden können:

Schritt 1:

Entwicklung von Bewusstsein für die Notwendigkeit käufermarktadäquater Verhaltensweisen, Strukturen, Instrumente und Qualifikationen.

Schritt 2:

Entwicklung eines strategischen Ansatzes, eines strategischen Konzeptes für die käufermarktadäquate Erneuerung des Unternehmens vor dem Hintergrund einer Vision.

Schritt 3:

Ermittlung der Lean-Production-Ausgangssituation, d. h. feststellen und zusammentragen, wo im Unternehmen schon mit lean-orientierten Verhaltensweisen, Strukturen, Instrumenten und Qualifikationen gearbeitet wird.

Schritt 4:

Erarbeitung eines ganzheitlichen Lean Production-Sollkonzeptes in den Vorgehensschritten:

- Quantifizierte Projektziele festlegen
- Organisatorische Fragen klären und lösen
- Methoden, Instrumente und Technik auswählen, schulen und implementieren

Schritt 5:

Durchführung von Diskussion, Kooperation, Kommunikation und Koordination, vertikal über die Ebenen und horizontal zwischen den Bereichen, mit der Möglichkeit einer Optimierung von Schritt 4.

Schritt 6:

Durchführung von Verständnis- und Wissensschulung in dem Lean-Unternehmensgestaltungs- und -führungsmodell, dem unternehmensspezifischen Lean-Production-Sollkonzept sowie in den einzelnen Methoden und Systemen.

Schritt 7:

Festlegen von Maßnahmen und Aktivitäten wie:

- Aufbau angepasster JIT-orientierter Logistiksysteme über den gesamten Leistungserstellungsprozess mit klaren Zuständigkeiten
- Optimierte Produktgestaltung mit der Simultaneous Engineering-Methode
- Einkaufspotenzialerschließung im Sinne von Global Sourcing und Single Sourcing
- Optimierung der Entwicklungs- und Fertigungstiefe
- Erarbeitung neuer Arbeitsorganisations-, Arbeitszeit- und Entlohnungsmodelle
- Qualifizierung der Mitarbeiter zu Teamfähigkeit sowie zur Übernahme der Rolle als Qualitätsinspektor und Prozesskontrolleur in einer Person
- Konsequente Einführung der Gruppenarbeit in Fabrik und Büro mit Verantwortungsübertragung auf die operative Ebene
- Gemeinsame Erarbeitung von Zielen und Zielvereinbarungen im Rahmen eines Zielsystems
- Aufbau einer durchgängig zielorientierten Geschäftsplanung und Realisierung der Ziele nach der Regelkreissystematik (Planen – Ausführen – Überprüfen – Korrigieren)

Schritt 8:

Konsequente Umsetzung der Maßnahmen und Aktivitäten in eine neue Unternehmensstruktur und -kultur.

Schritt 9:

Permanente Verbesserung des erreichten Zustandes herbeiführen. Konsequente und beharrliche Implementierung und Anwendung von Kaizen.

Bewertung

Der Erfolg des Lean-Production-Konzeptes in einem Unternehmen hängt in erster Linie davon ab, ob und inwiefern es von sämtlichen an der Wertschöpfung beteiligten Mitarbeitern getragen wird. Lean Production wird nur dann erfolgreich sein, wenn es eine von allen Seiten akzeptierte Unternehmensphilosophie darstellt. Werte wie:

- Ein starker Teamgeist
- Ein offener, permanenter Informationsaustausch und Kommunikation
- Konfliktbewältigung
- Ein qualitäts- und kundenorientiertes Denken
- Flexibilisierung des Einzelnen sowie deren Lernbereitschaft

spielen hierbei eine zentrale Rolle.

Eine erfolgreiche Umsetzung des Lean-Production-Konzeptes beruht auf der maximalen Übertragung von Aufgaben und Verantwortung auf die an der Wertschöpfung beteiligten Mitarbeiter, d. h., deren Entscheidungskompetenz wird erhöht und damit werden Hierarchiestufen abgebaut sowie die Fertigung in eigenverantwortliche Teams segmentiert.

Die Mitarbeiter sollten durch Weiterbildungsmaßnahmen regelmäßig auf den neuesten Stand gebracht werden. Es ist also immer wieder erforderlich, in seine Mitarbeiter zu investieren. „Das Potenzial des Unternehmens basiert auf den Fähigkeiten und dem Einsatz der Mitarbeiter" (Bullinger, Warnecke 1996, S. 44).

Lean Production ist demnach als „ein organisations- und menschenzentriertes Modell, das auf Motivation, Kreativität und Können der Mitarbeiter setzt" (Mählck, Panskus 1995, S. 22) anzusehen, wobei der Einsatz moderner Technik ebenso ein unverzichtbarer Bestandteil ist.

Dass Lean Production gerade in Japan so effizient und erfolgreich ist, mag in erster Linie mit soziokulturellen Voraussetzungen in Japan zusammenhängen. Die Mitarbeiter in Japan lassen ihre Arbeitskraft vollständig dem eigentlichen Unternehmenszweck, der Produktion, zugute kommen. „Die Japaner arbeiten in Arbeits- und Produktionssystemen, in denen Harmonie als eine Form der Kooperation auf der Grundlage der Gruppenorientiertheit verstanden wird" (Mählck, Panskus 1995, S. 25). Dennoch wäre es falsch zu glauben, dass Lean Production nur in diesen Gesellschaften funktionieren würde. Die erfolgreichen Beispiele der letzten Jahre hierzulande zeigen das Gegenteil. Lean Production zielt im Kern auf Effizienz – ein Gedanke, der hier ja nicht allzu fremd erscheint. Einzig der Ansatz ist unterschiedlich: Hat man – vornehmlich in Europa – lange Jahre versucht, Effizienz durch immer komplexere Planungs- und Steuerungstechniken zu realisieren, wird beim Lean-Production-Ansatz auf einfachste Systeme und kontinuierliche Verbesserung gesetzt.

Life Cycle Costs

Hintergrund

Derzeit ist zu beobachten, dass es in vielen Branchen kaum mehr möglich ist, allein über niedrige Produktpreise zu einem wettbewerbsfähigen Produkt zu kommen. Andere strategische Wettbewerbsfaktoren rücken immer mehr in den Vordergrund. Dazu zählen z. B. hohe Anforderungen an die Produktqualität, Mengen- und Termintreue sowie Innovationsfähigkeit. Dies hat allerdings zur Folge, dass bereits vor Markteintritt eines Produktes, d. h., in der Entstehungsphase, immer höhere Kosten für so genannte Vorleistungen wie Forschung und Entwicklung, Konstruktion, Investitionen in moderne Technologien etc. anfallen. Hinzu kommen noch die Kosten, die während des Produktlebenszyklus (bestehende Kosten), also in den Phasen der Einführung, des Wachstums, der Reife und der Sättigung anfallen sowie Kosten, die anfallen, nachdem das Produkt vom Markt genommen wurde (Nachleistungskosten in der Nachsorgephase).

Ein Ignorieren dieser Kostenblöcke kann zu teilweise erheblichen Fehleinschätzungen der Folgekosten führen. Vor diesem Hintergrund ist es notwendig, eine systematische und vollständige Übersicht der in allen Phasen des Produktlebenszyklus anfallenden Kosten zu erstellen, den so genannten *Life Cycle Costs*.

Konzept

Entstehungs-, Produktlebens- und Nachsorgezyklus werden zusammengefasst als Lebenszyklus. Die Kosten, die während des gesamten Lebenszyklus anfallen, werden als Lebenszykluskosten bzw. Life Cycle Costs bezeichnet.

Um eine Wirtschaftlichkeitsanalyse für ein neues Produkt durchzuführen, ist es erforderlich, unter Einbeziehung der Produktlebenszyklusdauer alle diese Kosten zu berücksichtigen. „Zunächst wurde hierbei lediglich der Marktzyklus von Markteintritt bis zur Entscheidung, ein Produkt vom Markt zu nehmen, betrachtet. (...) Dieses Konzept wurde sukzessive ergänzt um den Entstehungszyklus und den Nachsorgezyklus“ (Horváth 1994, S. 473).

Folgende Aufstellung soll zunächst einmal einen Überblick darüber verschaffen, welche Kosten aus Sicht des Herstellers in welchen Phasen, d. h., im Entstehungs-, Produktlebens- und Nachsorgezyklus, anfallen können.

Im Entstehungszyklus sind dies Kosten für:

- Technologische Vorleistung
- Forschung
- Produktentwicklung
- Verfahrensentwicklung
- Vertriebliche Vorleistungen
- Marktforschung
- Markterschließung
- Sonstige Vorleistungen
- Organisation
- Logistik
- Produktverbesserungen
- Verfahrensverbesserungen

Im eigentlichen Einsatzzyklus sind dies:

- Einführungskosten
- Relaunchkosten
- Laufende Kosten
- Auslaufkosten

Im Nachsorgezyklus sind dies:

- Wartungskosten
- Reparaturkosten
- Garantiekosten
- Sonstige Folgekosten (z. B. Ersatzteilhaltung, Entsorgungskosten)

Das Life Cycle Costing stellt somit ein Instrumentarium des strategischen Kostenmanagements dar und verfolgt das „Ziel der phasenübergreifenden Minimierung der Lebenszykluskosten eines Produktes“ (Walter 2000, S. 302) durch einen optimalen Einsatz der Ressourcen. Des Weiteren wird das Life Cycle Costing als Notwendigkeit angesehen, um langfristige Ertragsaussichten eines Produktes angemessen beurteilen zu können (Fischer 1993, S. 158).

Bewertung

Die Ermittlung der Life Cycle Costs eines Produktes könnte problematisch sein, denn zukünftige Entwicklungen und Bedingungen eines Marktes können ob ihres Eintretens sicherlich nur schwer vorhergesagt werden.

Demzufolge ist es auch wohl kaum möglich, die zukünftigen Kosten genau festzulegen; sie können lediglich auf Schätzungen und Erfahrungswerten beruhen. Eng mit dieser Problematik verknüpft ist die Festlegung der Lebenszyklusdauer. Eine klare Aussage zu treffen, ob sich ein Produkt überhaupt und wenn ja, für wie lange auf dem Markt etablieren kann, ist ebenso problematisch, obwohl Marktforschungsaktivitäten sicherlich Anhaltspunkte dahingehend geben können, ob ein grundsätzliches Interesse am Produkt durch potenzielle Kunden besteht.

Nicht zuletzt umfassen Life Cycle Costs einen Horizont, der sich bis zu 30er Jahren erstrecken kann. Damit ist die Versuchung für Entscheider sehr groß, diese durchaus antizipierbaren Kosten zu ignorieren, da sie oftmals erst dann anfallen, wenn die entsprechende Verantwortung hierfür längst an einen Nachfolger weitergereicht ist.

Low Cost Intelligent Automation (LCIA)

Hintergrund

Automatisierung ist die Einrichtung und Durchführung von Arbeits- und Produktionsprozessen durch den Einsatz automatischer Einrichtungen. Dabei werden alle Prozesse einschließlich ihrer Steuerung, Regelung und Kontrolle selbsttätig durchgeführt.

Maßnahmen der Automatisierung werden aus betriebswirtschaftlicher Sicht vor allem aus Kosten- und Wettbewerbsgesichtspunkten ergriffen. Die Automatisierung wird nur dann Vorteile für das Unternehmen bringen, wenn durch die Freisetzung von Arbeitskräften oder deren effizienteren Einsatz bei möglichst hoher Auslastung der Kapazitäten kostengünstiger produziert werden kann. Die Wechselbeziehung zwischen Automatisierung und Flexibilität eines Unternehmens hängt von den eingesetzten Automatisierungsmitteln ab, deren Ausprägung sich an der Fertigungsart und Organisationsform orientiert.

Hitoshi Takeda hat im Rahmen des Konzeptes der Synchronen Produktion ein Automations-Konzept, die so genannte *Low Cost Intelligent Automation* entwickelt.

Demnach brauchen flexible Fertigungslinien keine teuren und unflexiblen Automationslösungen, sondern – ganz im Sinne der *Schlanken Produktion* – einfache Lösungen, eine intelligente Automation.

Konzept

Grundsätzlich heißt Low Cost Intelligent Automation, dass man die Dinge selbst voranbringt und möglichst wenig externe Low Cost Automation einkauft. Deshalb werden in der LCIA die internen Abteilungen für Betriebsmittelbau bzw. Werkzeugbau stark mit eingebunden. Schon beim Kauf einer Anlage sollte nur die Basisversion oder eine Universalmaschine angeschafft werden. Das senkt nicht nur die Anschaffungskosten, sondern ermöglicht auch die Nutzung und Erweiterung des firmeneigenen Know-hows. Die Basisversionen können entsprechend den eigenen Produktionslinien modifiziert werden. Damit kann sich ein Unternehmen erhebliche Vorteile gegenüber den Konkurrenten sichern, da es somit eine hausinterne Speziallösung besitzt, die andere nicht so schnell kopieren können.

Die Intelligenz der Automation spiegelt sich darin wider, dass die eingebauten pneumatischen Messlehren, Zählerrelais, Sensoren etc. die Anlage bei Störungen der Qualität, Stückzahlen, Arbeitsweise autonom stoppen und damit zu einer erheblichen Produktivitätssteigerung führen. Zudem besitzen die Anlagen Einrichtungen, die die Mitarbeiter im Störungsfall durch akustische Signale warnen und somit auch die Fehlerquelle für jeden im Unternehmen sichtbar machen. Die Offenlegung der Fehlerquellen ist sehr wichtig, da nur auf dieses Weise kontinuierliche Verbesserung (*Kaizen*) betrieben werden kann. LCIA ist also auch ein Beitrag zu einer visuellen Steuerung gemäß Andon und Autonomation.

Aus der Sicht vieler Unternehmen, die erfolgreich auf dem Weg zu einer Schlanken Produktion sind, ist die Low Cost Intelligent Automation der einzige Weg, um überhaupt noch konkurrenzfähig in Deutschland produzieren zu können. Die in diesen Unternehmen entwickelten, intelligenten Lösungen sind z. B. Low-Cost-Schraubenvereinzelungen statt teurer Roboter oder kleine dezentrale Wascheinheiten, die in die Fertigung integriert sind, statt zentraler Waschanlagen.

Bewertung

Europäischen Unternehmen fällt es oft schwer, den japanischen Produktionsmethoden zu folgen. Die meisten Unternehmen versuchen, ihre Produktivität durch komplexe Maschinen zu steigern. Diese komplexen Systeme sind zum einen störungsanfälliger und schreien förmlich nach Auslastung, um die hohen Investitionskosten wieder einzuspielen. Die Folgen sind: große Lose, langsamer Durchfluss, geringe Prozessorientierung – es wird das gemacht, was der Auslastung der Anlage nützt und nicht der Erfüllung von Lieferterminen. Dies ist das Gegenteil einer Schlanken Produktion. Demgegenüber ist LCIA das Automationskonzept innerhalb von Lean Production und eine ihrer tragenden Säulen.

Make-to-Order (MTO) und Make-to-Stock (MTS)

Die englische Bezeichnung *Make-to-Orde*r (MTO) steht im Prinzip für die Auftragsfertigung. Das heißt, die Produkte werden erst gefertigt, wenn ein konkreter Kundenauftrag vorliegt (wie z. B. im Anlagen- und Maschinenbau typisch). Der Kundenentkopplungspunkt liegt vor dem ersten Produktionsprozess. Bei Make-to-Order-Aufträgen geht es in der Regel um kundenindividuelle Produktionen, bei denen der Fertigungsbetrieb vor der Auftragserteilung weder Art noch Anzahl der Produkte planen kann. Da die Produkte meist komplex und in Baugruppen konfigurierbar sind, kann eine weitgehend kundenspezifische Auftragsabwicklung erfolgen. Ein typisches Problem bei der Auftragsfertigung liegt in der Sicherstellung kurzer Liefer- und Durchlaufzeiten (vgl. Thaler 2001, S. 68).

Eine Mischform aus Lager- und Auftragsfertigung stellt die Programmfertigung dar. Grundüberlegungen sind eine auftragsneutrale Vorfertigung sowie eine kundenspezifische Endmontage. Über die Disposition werden ständig benötigte Standardteile bestellt, die auftragsabhängigen Komponenten werden aber individuell geordert. Dies findet im Fahrzeugbau Anwendung, wo ein Fahrzeug in individuellem Kundenauftrag in unterschiedlicher Ausstattung hergestellt wird. Die Disposition von standardisierten Baugruppen erfolgt dort kundenneutral (Thaler 2001, S. 68).

Mit dem Begriff *Make-to-Stock* (MTS) bezeichnet man grundsätzlich die Lagerfertigung. Dabei geht man vom Grundgedanken aus, Kundenaufträge möglichst aus dem Lager bedienen zu können.

Bei diesem Auftragstyp werden Endprodukte gefertigt, für die noch kein direkter Kundenauftrag vorliegt, für die sich jedoch in der Regel gemäß der Bedarfsplanung zukünftige Nachfragen einstellen werden. Die Produkte gehen erst einmal in ein Fertigwarenlager, um von dort aus abverkauft zu werden.

Das Risiko bei der Lagerfertigung liegt in der Bildung von Beständen (vgl. Thaler 2001, S. 67). Make-to-Stock wird dabei folgendermaßen differenziert:

- *Make-to-Stock (end products)*: Anwendung bei Standardprodukten, deren Nachfrage relativ genau prognostizierbar ist und die ökonomisch im Endlager gehalten werden können. Die Lieferkettenstrategie ist vor allem daran zu orientieren, die Bedarfe der Kunden möglichst rechtzeitig zu erfüllen und die Summe der Logistikkette so gering wie möglich zu machen.
- *Make-to-Stock (generic products)*: Das Grundprodukt wird prognosebetrieben auf Lager gefertigt. Erst nach konkretem Kundenwunsch erfolgt die kundenauftragsgetriebene Komplettierung. Kundenauftragsgetriebene Prozesse verlangen agile Lieferketten, die sich durch Flexibilität auszeichnen.
- *Assemble-to-Order*: Für kundenindividuelle Produkte mit standardisierten Komponenten kann die Montage kundenauftragsgetrieben ausgelöst werden. Die der Montage vorausgehenden Prozesse sind prognosebetrieben und werden über eine Bevorratungsebene von der Montage entkoppelt.

Der Begriff Make-to-Stock ist nicht unbedingt an Fertigwaren gekoppelt. Im Sinne der Definition von Kundenentkopplungpunkten können auch Pufferlager in der Produktion diesem Prinzip unterliegen.

Maschinenfähigkeit

Hintergrund

Qualität und Produktivität setzen stabile Produktionsprozesse voraus. Im Rahmen einer Prozessregelung können mit Hilfe statistischer Methoden Unsicherheiten im Laufe eines Produktionsprozesses frühzeitig erkannt und diesen entsprechend entgegengewirkt werden. Deshalb ist es notwendig, geeignete Qualitätsmerkmale des Prozesses mit Hilfe von in der Praxis bewährten Methoden der *Statistischen Prozessregelung* (SPC) zu messen und zu bewerten. Dazu zählt unter anderem die Maschinenfähigkeitsuntersuchung.

Konzept

„Die *Maschinenfähigkeit* – der Begriff stammt aus der Automobilindustrie – ist ein Maß für die kurzzeitige Merkmalsstreuung, die von der Maschine ausgeht. Es werden (…) die maschinenbedingten Einflüsse auf den Fertigungsprozess untersucht“ und durch die beiden Kennwerte bzw. Maschinenfähigkeitskoeffizienten c_m (capability of machine) und c_{mk} (critical capability of machine) ausgedrückt. Dabei berücksichtigt c_m nur die Streuung der Maschine, während c_{mk} zusätzlich auch noch die Lage des Mittelwertes innerhalb der Toleranz einbezieht und somit die Langzeit-Merkmalsstreuung beschreibt“ (Kamiske, Brauer 2003, S. 303).

„Grundlage der Auswertung von Ergebnissen nach den Methoden der Statistischen Prozessregelung sind Messwerte“ (Kamiske, Brauer 2003, S. 303). Aus diesem Grund muss neben einem Nachweis der Messgerätefähigkeit ein Nachweis der Maschinenfähigkeit erbracht werden, um sicherzustellen, dass die in einem Produktionsprozess verwendeten Maschinen „in der Lage sind, die Untersuchungen mit der geforderten Genauigkeit, Wiederholbarkeit und Vergleichbarkeit durchzuführen“ (Kamiske, Brauer 2003, S. 303), wobei unter dem Begriff Fähigkeit „grundsätzlich die Güte einer Maschine oder eines Prozesses im Verhältnis zur Spezifikation (Toleranz)“ (Kamiske, Brauer 2003, S. 303) verstanden wird.

„Eine Maschinenfähigkeitsuntersuchung findet bei Installation einer neuen Maschine oder eines neuen Werkzeugs statt oder dann, wenn sich ein Prozess als nicht fähig erweist“ (Wildemann 1992, S. 213), indem eine große Stichprobe entnommen wird und die Merkmale der Teile gemessen und beurteilt werden. Die Untersuchung der Maschinenfähigkeit erfolgt nur über einen kurzen Zeitraum – man spricht daher auch von der so genannten Kurzzeitfähigkeit – deren Ergebnis im wesentlichen nur auf den Eigenschaften der untersuchten Maschine bzw. des Werkzeugs beruhen.

Bewertung

Die Betrachtung der Maschinenfähigkeit ist in seiner Bedeutung nicht zu unterschätzen. So verlangt nicht nur Automobilindustrie eine Zusicherung, nur solche Maschinen einzusetzen, deren Prozessfähigkeit gegeben ist; vor dem Hintergrund der Sicherstellung robuster und störungsfreier Produktionsprozesse ist die Betrachtung der Maschinenfähigkeit unverzichtbar. Nicht selten wird in Schlanken Produktionen eine detaillierte und konsequente Analyse der Maschinenfähigkeiten durchgeführt und diese im Rahmen von Kaizen-Maßnahmen kontinuierlich verbessert.

Mass Customization

Hintergrund

Diejenigen Unternehmen, die es schaffen, den steigenden Anforderungen hinsichtlich Variantenvielfalt auf wirtschaftliche Weise zu begegnen, haben eine gute Chance, wettbewerbsfähig zu bleiben oder zu werden. Ein guter Lösungsansatz stellt in diesem Zusammenhang die *Mass Customization* dar.

Konzept

Mass Customization ist ein Modell zur konzeptionellen Neugestaltung und strategischen Neuausrichtung von Unternehmen und „wird vielfach als neue Stufe der Evolutionsgeschichte der Fertigung gesehen – nach der handwerklichen Fertigung, den Manufakturen, der industriellen Massenproduktion und schließlich der variantenreichen flexiblen Produktion“ (Piller 2001, S. 200).

Dieses Konzept bietet weit reichende Leistungsfähigkeiten hinsichtlich des Reaktionsvermögens auf die sich permanent erneuernden Wettbewerbsbedingungen und wird „durch die Potenziale der neuen Informations- und Kommunikationstechnologien erst ermöglicht und beschreibt so eine wesentliche Auswirkung der Informationsrevolution auf die Produktion“ (Piller 2001, S. 200).

„Mass Customization (kundenindividuelle Massenproduktion) ist die Produktion von Gütern und Leistungen für einen (relativ) großen Absatzmarkt, welche die unterschiedlichen Bedürfnisse jedes einzelnen Nachfragers dieser Produkte treffen, zu Kosten, die ungefähr denen einer massenhaften Fertigung eines zugrunde liegenden Standardprodukts entsprechen. Die Informationen, die im Zuge des Individualisierungsprozesses erhoben werden, dienen dem Aufbau einer dauerhaften, individuellen Beziehung zu jedem Abnehmer“ (Piller 2001, S. 206).

Ausgangspunkt von Mass Customization ist die Bildung von Kundengruppen, in die potenzielle Abnehmer eingeordnet werden, „um eine möglichst passende Ausgangskonfiguration zu erlangen, was nicht nur zu einer Verkürzung und Vereinfachung des Konfigurationsvorgangs führt, sondern auch die interne Varietät der Produkte entscheidend senken kann“ (Piller 2001, S. 284). Um diese Situation herstellen zu können, führt ein Unternehmen eine Erhebung der Kundenwünsche durch und macht sich im Rahmen dessen das Know-how seines bereits bestehenden Kundenstammes zu Eigen. Dies erfolgt durch „Aggregation und Vergleich der Informationen, die ein Unternehmen aus der Beziehung zu seinen bestehenden Kunden gewonnen hat, und erlaubt im Zusammenhang mit der Konfiguration eine zielgerichtete und effizientere Bedienung neuer Kunden, wenn diesen eine Produktvariation vorgeschlagen wird, die Abnehmer mit ähnlichem Profil in der Vergangenheit erworben haben. Die informationstechnische Umsetzung dieses Vergleichs wird als Profiling bezeichnet“ (Piller 2001, S. 284). Ein Mass Customizer sollte bereits an dieser Stelle abschätzen, „in welchem Ausmaß Variationswünsche geäußert werden könnten“ (Piller 2001, S. 208).

Die Erhebung der Kundenbedürfnisse im Rahmen einer kundenindividuellen Fertigung kann allerdings nicht die grundlegende Forschung und Entwicklung ersetzen. „Die meisten Kunden wären nicht nur damit überfordert, ein von Grund auf individuelles Produkt zu definieren, sondern auch die Forderung nach stabilen Prozessen und einer Begrenzung der internen Varietät verlangt nach klar definierten Grundprodukten, die dann kundenindividuell spezifiziert werden“ (Piller 2001, S. 270).

Erst an dieser Stelle wird Material für die kundenindividuell zu erstellenden Teile beschafft. „Dabei müssen eventuell Spezifikationen an die Lieferanten weitergegeben werden, wenn diese in die Individualisierung einbezogen werden“ (Piller 2001, S. 207 f.). Nachdem das benötigte Material beschafft wurde, erfolgt die kundenindividuelle Produktion. „Dazu gehören neben der eigentlichen Fertigung und Montage auch die Übermittlung von Kundendaten an die Produktion und dort ihre Verarbeitung“ (Piller 2001, S. 208).

Die fertig erstellten Produkte werden ausgeliefert, und mit dem Verkauf beginnt die so genannte Nachkaufphase. Diese ist gekennzeichnet durch den Kundendienst und insbesondere durch den Aufbau einer Learning Relationship mit den Kunden. Der Aufbau bzw. die Intensivierung der Learning Relationship nach Auslieferung der Ware ist von großer Bedeutung, da über den Rückfluss von Kundeninformationen Rückschlüsse über potenzielle Verbesserungsmaßnahmen gezogen werden können. Diese Informationen können direkt, also in Form von Anregungen und Beschwerden, erfolgen oder aber indirekt im Rahmen von Auswertungen des Verbraucherverhaltens. Daher ist für einen dauerhaften Erfolg von Mass Customization nicht nur die Fähigkeit entscheidend, Produkte variabel und kostengünstig zu fertigen, „sondern gleichermaßen muss das während des Individualisierungsprozesses gewonnene Wissen zum Aufbau einer dauerhaften Kundenbindung in Form einer Learning Relationship genutzt werden“ (Piller 2001, S. 295).

Eine unternehmensinterne Voraussetzung zur erfolgreichen Umsetzung des Mass Customization Konzeptes ist die Bildung von Arbeitsgruppen, die einerseits jeweils selbständig und eigenverantwortlich, aber daneben auch noch miteinander vernetzt arbeiten können. Der interne Kommunikationsbedarf wird somit durch Mass Customization intensiviert, aber auch die Kommunikationsintensität zwischen dem Unternehmen in seiner Eigenschaft als Hersteller und seinen Kunden steigt drastisch an. Daher ist das Internet ein Medium, auf das im Umgang mit diesem Konzept kaum verzichtet werden kann.

Bei der Erhebung der Kundenwünsche ist zu beachten, „dass dieser Vorgang für den Kunden so einfach wie möglich abläuft – ohne die hohe Komplexität und Mühe, die sonst oft mit der

Bestellung individuell gefertigter Waren und Leistungen verbunden sind. So entsteht die Konstruktion des kundenindividuellen Produkts. Bei komplexen Gütern kann es allerdings notwendig sein, bestimmte Bauteile und Module noch in einem separaten Schritt kundenindividuell zu entwickeln“ (Piller 2001, S. 207).

„Ziel ist es, an wenigen Komponenten, die aus Kundensicht aber den wesentlichen individuellen Produktnutzen ausmachen, eine Gestaltungs- bzw. Auswahlmöglichkeit zur Verfügung zu stellen. Die Produkte und Leistungen unterscheiden sich nicht in ihrem grundsätzlichen Aufbau. Man kann deshalb auch von einer Standardisierung der Individualisierung sprechen“ (Piller 2001, S. 209). Die dazugehörigen Stücklisten, die Arbeits- und Montageanweisungen sollten dynamisch und automatisch erstellt werden können. „Mass Customization ist dann erfolgreich, wenn fertigungsseitig in möglichst vielen Bereichen die individuelle Fertigung zugunsten einer massenhaften zurücktritt“ (Piller 2001, S. 209).

Bewertung

Die derzeit diskutierten Lösungsansätze von Mass Customization beschreiben die Themenkomplexe Produktmodularisierung, IT-unterstützte Produktkonfiguration und Online-Datenübermittlung. Dabei wird häufig übersehen, dass eine Mass Customization-fähige Fabrik notwendige Voraussetzung für die erfolgreiche Umsetzung dieses Konzeptes ist. Eine solche Fabrik ist gekennzeichnet durch nichts Geringeres als die Fähigkeit, die letzten Produktionsschritte in Losgröße eins wirtschaftlich durchzuführen.

Eine weitere Folgewirkung von Mass Customization kann darin liegen, dass der Handel tendenziell umgangen wird und dass es somit vermehrt zu direkten Beziehungen zwischen Endkunden und Produzenten kommen kann. Dies wird eine weitere Steigerung der Komplexität beim Produzenten nach sich ziehen, beispielsweise im Rechnungswesen.

Des Weiteren kann eine Auswirkung von Mass Customization darin liegen, dass Produktionsaufträge faktisch durch den Kunden per Mausklick ausgelöst werden; eine Planung und Steuerung der Kunden- bzw. Produktionsaufträge (Terminierung, Priorisierung etc.) ist in letzter Konsequenz nicht mehr notwendig. Die Neuorientierung und möglicherweise die völlige Abschaffung von Auftragsplanung und Fertigungssteuerung kann am Ende dieser Entwicklung stehen.

Methods-Time-Measurement (MTM)

Methods-Time-Measurement ist ein Verfahren zur Vorgabezeitermittlung und zählt zu den Systemen vorbestimmter Zeiten. Systeme vorbestimmter Zeiten versuchen, bestimmte Gesetzmäßigkeiten des zeitlichen Ablaufs von Tätigkeiten zu ermitteln, indem der menschliche Bewegungsablauf bis in kleinste Schritte zerlegt wird (vgl. Bullinger 1995, S. 195 ff.).

Der Zeitbedarf für die einzelnen Bewegungsabläufe wird empirisch ermittelt und in Tabellen festgehalten. Zur Bestimmung der Gesamtzeit einer bestimmten Tätigkeit werden alle dafür relevanten Teilzeiten der dafür notwendigen Grundbewegungen addiert. Das MTM-Verfahren kommt ausschließlich für manuelle Tätigkeiten in Frage. Jede manuelle Bewegung setzt sich aus unterschiedlichen Grundbewegungen zusammen. MTM fasst Arbeitsbewegungen in drei Gruppen zusammen:

1. Elementar-Bewegungen: Hinlangen, Bewegen, Drehen, Greifen und Loslassen

2. Zusammengesetzte Bewegungen: Einführen, Lösen, Bein- und Fußbewegungen und Körperbewegungen

3. Hilfsbewegungen: Drücken, Augenbewegungen

Die MTM-Zeiteinheit wird als TMU (*Time Measurement Unit*) bezeichnet, ein TMU entspricht 0,036 Sekunden.

Das MTM-Verfahren liefert verblüffend genaue Ergebnisse und war lange Zeit wichtiges Planungsinstrument von Engineeringabteilungen. Die Bestimmung von Vorgabezeiten nach MTM hat in der industriellen Massenfertigung ihre Blütezeit erlebt. Dieses Verfahren rückte in einer Phase, in der versucht wurde, über EDV-gestützte Optimierungsalgorithmen die Produktion zu steuern und zu optimieren, in den Hintergrund. Im Zuge der zunehmenden Ausbreitung des Prinzips der Schlanken Produktion und der damit verbundenen Konzentration auf den eigentlichen Wertschöpfungsprozess und die Aktivitäten am Arbeitsplatz erfährt MTM gegenwärtig eine Renaissance.

PDCA-Zyklus

Hintergrund

Der US-amerikanische Statistiker Professor Deming W. E. „führte in Japan das Modell des Deming-Kreises ein, eines der wichtigsten Instrumente zur ständigen Verbesserung“ (Imai 2002, S. 39). Der *Deming-Kreis* stellt ein „Konzept eines sich ständig drehenden Rades“ dar, „mit dem W. E. Deming auf die Notwendigkeit der beständigen Interaktion zwischen Forschung, Entwicklung, Produktion und Verkauf hinweist. Nur so kann Qualität in Richtung Kundenzufriedenheit verbessert werden“ (Imai 2002, S. 377).

Konzept

Eine Weiterentwicklung des Deming-Kreises ist der *PDCA-Zyklus*. Dieser Qualitäts- und Verbesserungsregelkreis ermöglicht eine stetige Verbesserung jeder Managementaktivität. Der PDCA-Zyklus ist einer von mehreren Problemlösern (dazu gehören z. B. auch die sieben Statistischen Werkzeuge). Er setzt sich aus den Schritten Plan, Do, Check und Act zusammen.

Schritt 1: Plan (Planen)

„Der PDCA-Zyklus beginnt mit der Analyse der derzeitigen Situation, während die Daten gesammelt werden, die zur Ausarbeitung eines Verbesserungsplanes dienen sollen“ (Imai 2002, S. 108). Ein Problem, das sich aus einem Arbeitsprozess bzw. einer -methode ergibt und gelöst werden soll, wird genau beschrieben. Im Anschluss daran werden Informationen zu diesem Problem gesammelt und dessen Ursachen erforscht, um geeignete Maßnahmen, die das Problem beheben, festlegen zu können. Es werden klare Ziele, die mit der Umsetzung potenzieller Verbesserungsmaßnahmen erreicht werden sollen, formuliert und letztendlich Maßnahmen zur Lösung des Problems bzw. zur Verbesserung einer Arbeitsmethode festgelegt.

Schritt 2: Do (Ausführen)

Die im ersten Schritt herausgearbeiteten Verbesserungsmaßnahmen werden unter Einhaltung eines Zeitplans durchgeführt und dokumentiert.

Schritt 3: Check (Prüfen)

Im dritten Schritt werden die aus den Maßnahmen resultierenden Ergebnisse ausgewertet, d. h., es wird geprüft, ob die Umsetzung des Plans zur erwünschten Verbesserung führt oder nicht.

Schritt 4: Act (Handeln)

Hat die Umsetzung des Plans zur erwünschten Verbesserung bzw. Veränderung einer Arbeitsmethode geführt, so wird sie standardisiert, um sicherzustellen, dass mit dieser neuen Methode auch gearbeitet wird. Dieser neue Standard ist dann auch Ausgangsbasis für die nächsten Verbesserungsschritte unter Anwendung des PDCA-Zyklus.

Der PDCA-Zyklus „ist als Prozess zu verstehen, in dem neue Standards nur deshalb ergriffen werden, um als Herausforderung zu wirken, um hinterfragt zu werden und um von einem neuen und noch besseren Standard abgelöst zu werden“ (Imai 2002, S. 112). Der Zyklus wird demnach immer wieder durchlaufen, um eine kontinuierliche Verbesserung der Qualität in Richtung Kundenzufriedenheit zu gewährleisten.

Bewertung

Der PDCA-Zyklus gilt als ein geeignetes Instrumentarium zur stetigen Verbesserung von Arbeitsmethoden bzw. -prozessen im Sinne von Kaizen, die von ständigen Verbesserungen in kleinen Schritten geprägt ist. Der Abstand des in der Planungsphase anvisierten Soll-Zustandes nach einer Verbesserungsmaßnahme zum Ist-Zustand sollte nicht zu groß sein. Sich ein zu hohes Ziel zu stecken, widerspricht nicht nur dem Kaizen-Gedanken, sondern ist möglicherweise auch gar nicht erreichbar. Um eine Methode bzw. einen Prozess überhaupt verbessern zu können, müssen die beteiligten Mitglieder in der Lage sein, geeignete Maßnahmen zu finden, die eine Verbesserung herbeiführen.

Wird ein neuer Standard gesetzt, hat demnach also eine Maßnahme zur gewünschten Veränderung einer Arbeitsmethode geführt, so sollten die nicht am Planungsprozess beteiligten Mitarbeiter – beispielsweise die der Gegenschicht – davon in Kenntnis gesetzt werden.

Poka Yoke

Hintergrund

Vor dem Hintergrund der Bemühungen um eine *0-Fehler-Produktion* entstanden die Philosophien und Methoden wie *Kaizen*, *QFD* und das von Shigeo Shingo im Rahmen des *Toyota-Produktionssystems* entwickelte *Poka-Yoke*-Konzept.

Poka Yoke kann aus dem Japanischen mit *Vermeidung des unbeabsichtigten Fehlers* ins Deutsche übersetzt werden. Es handelt sich hierbei um ein Konzept, das auf der Erkenntnis beruht, „dass kein Mensch und auch kein System in der Lage ist, unbeabsichtigte Fehler vollständig zu vermeiden" (Kamiske, Brauer 2003, S. 110). „Der für das Qualitätsverständnis wichtige Grundgedanke besteht darin, dass der Einsatz von Poka-Yoke-Methoden die unbeabsichtigte, zufällige Fehlhandlung eines Menschen nicht als prinzipiell vermeidbar, sondern als unvermeidliche menschliche Eigenschaft begreift. Der unbeabsichtigte, zufällige Fehler lässt sich durch erhöhte Sorgfalt nicht ausschließen. Der Ansatz, diesen Fehleranteil durch entsprechende Systemgestaltung zu antizipieren und den Eintritt negativer Folgen zu verhindern, ist ein wesentlicher Schritt zur Erreichung eines verbesserten Qualitätsniveaus" (Wildemann 2001, S. 394 f.).

Konzept

Poka-Yoke-Systeme „bestehen aus drei Teilmechanismen, die zeitlich aufeinander folgend die Entdeckung und Meldung der Fehlhandlung ermöglichen" (Wildemann 2001, S. 395): Detektionsmechanismus, Initialisierungs- bzw. Auslösemechanismus und Regulierungsmechanismus.

Detektionsmechanismus

„Unter einem Detektionsmechanismus werden Sensoren und Sensorsysteme verstanden, die in vielfältiger Ausprägung eingesetzt werden können: als End- und Näherungsschalter, als Sensoren für Position, Dimension, Form, Druck, Temperatur, Vibration, Farbe oder Strom sowie als Zähler und Zeitüberwachungseinrichtungen" (Kamiske, Brauer 2003, S. 111).

Auslöse- und Initialisierungsmechanismen

„Die Auslöse- bzw. Initialisierungsmechanismen bestimmen die Art, wie ein Fehler im Fertigungsprozess erkannt wird. Im Einzelnen sind drei Methoden zu unterscheiden“ (Kamiske, Brauer 2003, S. 111 f.):

- *Kontaktmethode*: Unzulässige Abweichungen von der Arbeitsfolge, die zu Fehlhandlungen führen können, werden von Sensoren über geometrische Kenngrößen festgestellt. Je nach Art des Sensors kann der Kontakt berührend oder auch berührungslos sein.
- *Fixwertmethode*: Abweichungen oder Unregelmäßigkeiten im Verlauf des Fertigungsprozesses werden durch das Überprüfen des Erreichens einer bestimmten Anzahl von Teilarbeitsschritten erkannt. Die hierbei eingesetzten technischen Mittel sind meist sehr einfach, aber wirkungsvoll, wie z. B. mechanische Zähleinrichtungen.
- *Schrittfolgenmethode*: Die Standardbewegungsabfolge eines Arbeitsprozesses wird erkannt und mit möglichst einfachen Hilfsmitteln auf Fehlhandlungen hin geprüft.

Regulierungsmechanismen

„Nach Art der Maßnahme, die nach festgestellter Abweichung bzw. Fehlhandlung getroffen wird, sind die Regulierungsmechanismen in zwei Methoden unterteilt“ (Kamiske, Brauer 2003, S. 112):

- *Eingriffsmethode (Abschaltmethode)*: Beim Auftreten von Abweichungen oder Prozessunregelmäßigkeiten, die Fehler zur Folge haben können, wird die Maschine sofort abgeschaltet. Mit dem Fertigungsprozess verbundene Vorgänge wie Transportieren oder Spannen werden ebenfalls sofort unterbrochen. Dadurch werden Korrekturmaßnahmen und die Vermeidung von Wiederholungsfehlern möglich.
- *Alarmmethode*: Hierzu zählen sämtliche Arten von optischen oder akustischen Signalen, die auf die Situation der entstehenden oder gerade entstandenen Fehlhandlung hinweisen.

Um ein wiederholtes Auftreten von einmal entdeckten Fehlern zu verhindern, wird Poka Yoke stets in Verbindung mit einer Inspektionsmethode angewendet. Hierbei erwies sich die so genannte Fehlerquelleninspektion (Source Inspection) als äußerst effektiv, die ebenfalls von Shigeo Shingo entwickelt wurde. Poka Yoke und Fehlerinspektion in Kombination angewendet, macht es möglich, Fehler wirkungsvoll abzustellen, „da die gesamte Kausalkette zwischen Fehlhandlung im Prozess und Fehler am Produkt betrachtet und so die tatsächliche Fehlerursache gefunden und beseitigt wird“ (Kamiske, Brauer 2003, S. 111).

Bewertung

Poka Yoke beruht auf der Erkenntnis, dass „Fehlhandlungen wie Unaufmerksamkeit, Auslassen, Vertauschen, Vergessen, Falschablesen, Missinterpretieren u. Ä., die außerdem durch

Stress, belastende Umwelteinflüsse und schlechte Arbeitsbedingungen noch verstärkt werden können, in der Natur des Menschen liegen und sich trotz aller Bemühungen nicht mit Sicherheit ausschließen lassen“ (Kamiske, Brauer 2003, S. 110). Ein gezielter Einsatz von Poka Yoke in Verbindung mit Fehlerquelleninspektionen kann mit sehr einfachen technischen Hilfsmitteln nachhaltig verhindern, dass unbeabsichtigte Fehlhandlungen im Fertigungsprozess, die zu Fehlern am Produkt führen würden, unerkannt bleiben. „Dabei ist jedoch zu beachten, dass die Fehlerursachen oft in einem frühen Stadium des Produktentstehungsprozess liegen und dort auch mit wesentlich geringerem Aufwand verhindert werden können“ (Kamiske, Brauer 2003, S. 113). Obwohl menschliche Fehlhandlungen unvermeidlich sind, sollten Fehler niemals als etwas Normales angesehen werden. Daher ist es unbedingt erforderlich, bei Mitarbeitern, die das Auftreten von Fehlern im Fertigungsprozess ohne Wenn und Aber akzeptieren, diese also als völlig normal empfinden, eine Änderung dieser Einstellung herbeizuführen.

Produktdatenmanagement (PDM)

Hintergrund

Mit dem Begriff *Produktdatenmanagement* sollen alle Organisationsaufgaben verstanden werden, die sich auf die Erfassung, Bereitstellung und Archivierung von Produkten beziehen, die im Verlauf des gesamten Produktlebenszyklus entstehen und benötigt werden. Dies umfasst die Definition organisatorischer Regelungen zur Produktdatenhandhabung innerhalb der technischen Auftragsabwicklung, des Projektmanagements sowie für Produktneueinführungs- und Produktänderungsprozesse. Das Produktdatenmanagement bezieht sich damit auf einen Großteil aller betrieblichen Prozesse.

Produktdatenmanagement ist die Organisation der anforderungsgerechten und wirtschaftlichen Erfassung, Bereitstellung und Archivierung produktbezogener Daten, die im Verlauf des gesamten Produktlebenszyklus entstehen und benötigt werden.

Ein Produktdatenmanagement-System ist ein EDV-System, das produktdatenführende, betriebliche Informationssysteme auf der Basis eines konfigurierbaren, konsistenten Datenmodells sowie entsprechenden Schnittstellen untereinander verknüpft (vgl. Luczak 1999, S. 633 ff.).

Konzept

Im Unternehmen liegen die Primärdaten in Form von Dateien oder physischen Dokumenten vor. Dateien haben je nach System, in dem sie verwaltet werden, unterschiedliche Datenformate. Die Verknüpfung der Daten erfolgt ggf. über Systemschnittstellen zwischen den Erzeugersystemen (CAx-Komponenten, PPS-Systemen etc.). Auch die Kennzeichnung von Status, Version, Varianten usw. erfolgt, soweit dies möglich ist, in den Erzeugersystemen. Diese auf mehrere Erzeugnissysteme und physische Dokumente verteilte Datenhaltung erschwert die Datenpflege erheblich. Ansatzpunkt von PDM-Systemen ist daher die Schaffung einer konsistenten und für alle Unternehmensbereiche gleichermaßen nutzbaren Datenhaltung. Hierzu werden die Metadaten im PDM-System verwaltet und Verknüpfungen zu Primärdaten in den Erzeugersystemen hergestellt.

Zumeist wird diese Organisationsaufgabe unmittelbar mit dem als PDM-System oder auch als *Engineering Data Management System (EDMS)* bezeichnetem EDV-System in Verbindung gebracht.

Ziel des PDM-Systemeinsatzes ist zum einen die Verwaltung von Daten und Dokumenten und zum anderen die Integration der Datenverwaltung mehrerer Erzeugnissysteme. Für diese Aufgabe bieten einige marktgängige PDM-Systeme neben der Metadatenhaltung und -konfiguration auch ein Workflow-Management an, das zum systematischen Informationsfluss bei Freigabe- und Änderungsprozessen beitragen kann.

Da ein Einsatzbereich von PDM-Systemen vorwiegend in der auftragsbezogenen Einzel- und Kleinstfertigung liegt, bieten einige Anbieter ein integriertes Projektmanagement an. Teilprojekte und Projektschritte können hierzu terminlich geplant und untereinander verknüpft werden.

Bewertung

Die Frage nach dem Nutzen eines eigenständigen PDM-Systems, das neben einen PPS-System betrieben wird, kann nur unternehmensspezifisch beantwortet werden. Es wird zum einen durch die Anforderungen an ein systematisches und wirtschaftliches Produktdatenmanagement bestimmt und zum anderen durch die vorhandenen Funktionalitäten des bestehenden oder ggf. auszuwählenden PPS-Systems.

Die bisherigen Einsatzschwerpunkte sind in der Regel auf den Konstruktionsbereich begrenzt. In diesem Bereich treten die Möglichkeiten der schnellen Datensuche, verbunden mit der Fähigkeit zur direkten Anzeige von Daten jeglichen Formats, besonders gut hervor.

Produktionsinsel

Hintergrund

Das Thema *Produktionsinseln* gewinnt zur Zeit aufgrund der propagierten Konzepte der Schlanken Produktion, der Fertigungssegmentierung und der Modularen Fabrik und der hiermit verbundenen organisatorischen Veränderungen im Produktionsbereich an Bedeutung. Produktionsinseln bilden einen wesentlichen Bestandteil bei oben genannten Konzepten (Arnold 2002, S. 3 ff.).

Konzept

Die Organisationsform der Inselproduktion entsteht durch eine objektorientierte Segmentierung der zur Herstellung des Erzeugnisprogramms notwendigen Arbeitssysteme. Als Objekte werden hierbei Gruppen verwandter Erzeugnisse (Erzeugnisfamilien) betrachtet. Eine Erzeugnisfamilie umfasst Teile oder Produkte, die einen ähnlichen Produktionsablauf aufweisen.

Zur Realisierung der Inselproduktion werden die Maschinen und Ressourcen räumlich und organisatorisch zusammengeführt, so dass innerhalb der Maschinengruppe eine vollständige Herstellung der Erzeugnisse ermöglichst wird. Eine derartige Maschinengruppe, die sich vorwiegend aus konventionellen Maschinen und Anlagen zusammensetzt, wird als Produktionsinsel bezeichnet.

Planende, ausführende und überwachende Aufgaben werden von den Mitarbeitern einer Insel eigenverantwortlich durchgeführt. Die Integration dispositiver Aufgaben in den Tätigkeitsbereich der Arbeitsgruppe ist ein wesentliches Merkmal autonom agierender Produktionsinseln.

Das grundsätzliche Vorgehen bei der Entwicklung von Produktionsinseln kann wie folgt beschrieben werden:

In einem ersten Schritt werden Erzeugnisse, die ähnliche Bearbeitungsanforderungen stellen, zu einer Erzeugnisfamilie zusammengeführt.

In einem zweiten Schritt werden die Maschinen, die zur Herstellung einer Erzeugnisfamilie benötigt werden, räumlich nahe beieinander angeordnet.

Gruppentechnologie

Ein mit der Bildung von Produktionsinseln häufig in Verbindung gebrachter Begriff ist die Gruppentechnologie. Die Gruppentechnologie ist eine Methodik, die unter Ausnutzung bestimmter Ähnlichkeiten der herzustellenden Erzeugnisse versucht, im Bereich der Serienproduktion Rationalisierungspotenziale in der Produktion aufzudecken und entsprechend umzusetzen. Es lassen sich vier Phasen der Anwendung unterscheiden:

1. Phase: Bildung der Erzeugnisfamilien

In dieser Phase wird die im Produktionsprogramm enthaltene Gesamtheit der Teile und Erzeugnisse mit Hilfe von bestimmten Ähnlichkeitskriterien strukturiert und geordnet. Das Resultat ist eine Gruppierung der Erzeugnisse in Erzeugnisfamilien.

2. Phase: Maschinengruppierung

In dieser Phase steht die Gestaltung des Produktionsapparats, der zu einer Produktionsinsel zusammengefasst wird, im Mittelpunkt.

3. Phase: Strukturplanung:

Bei der Strukturplanung geht es um die Anordnung der Arbeitssysteme innerhalb der Inseln (Layoutplanung), die Materialauswahl-Strategie sowie die Anordnung der Inseln zueinander.

4. Phase: Arbeitsorganisatorische Gestaltung

In dieser Phase ist ein dezentrales Planungssystem zu entwerfen, die Schnittstelle zum zentralen PPS-System festzulegen sowie die Auswahl und die Schulung der Mitarbeiter im Hinblick auf die Arbeitsaufgaben in den jeweiligen *Produktionsinseln* vorzunehmen.

Verfahren zur Gruppierung von Erzeugnissen

Es gibt eine fast unübersehbare Anzahl von Verfahren und Lösungsansätzen zur Gruppierung von Erzeugnissen und Erzeugnisfamilien sowie zur Zusammenfassung der hierfür notwendigen Maschinen und Ressourcen zu Produktionsinseln. Diese Verfahren können im Wesentlichen den folgenden Verfahrensgruppen zugeordnet werden:

- Klassifizierungs- und Codierungssysteme

  Wesentliches Element eines Klassifizierungs- und Codierungssystems ist der Teileschlüssel, mit dessen Hilfe die Ähnlichkeit zwischen unterschiedlichen Teilen abgebildet wird. Die dabei betrachtete Ähnlichkeit hängt von Merkmalen ab, die den jeweiligen Stellen des Schlüssels zugeordnet werden, und den einzelnen Merkmalsausprägungen der Schlüsselwerte. Da aus der Formähnlichkeit von Teilen nur bedingt auf deren Fertigungsähnlichkeit geschlossen werden kann, sind zur Bildung von Produktionsinseln spezielle fertigungsorientierte Schlüsselsystemen entwickelt worden.

- Analyse der Maschinen-Erzeugnis-Matrix

  Die Analyse der Maschinen-Erzeugnis-Matrix basiert auf der Produktionsflussanalyse. Die Produktionsflussanalyse ist ein systematisches Verfahren zur Anwendung gruppentechnologischer Prinzipien im Rahmen der Gestaltung von Produktionssystemen. Wesentliche Elemente eines mehrstufigen Vorgehens sind dabei die Bildung der Erzeugnisfamilien und die Abgrenzung einzelner Produktionsbereiche mit Hilfe einer Maschinen-Erzeugnis-Matrix. In einer solchen Matrix werden in den Spalten die Maschinen und in den Zeilen die Erzeugnisse des zu analysierenden Produktionsbereichs dargestellt.

- Clusteranalyse

  Das Ziel dieses Verfahrens besteht darin, eine Menge zu analysierender Objekte derart in Klassen (Cluster) zu gruppieren, dass zum einen in jedem Cluster Objekte zusammengefasst werden, die hinsichtlich der jeweils betrachteten Merkmale eine hohe Ähnlichkeit aufweisen und zum anderen Elemente mit verschiedenen Clustern sich möglichst stark unterscheiden.

- Lineare und nicht lineare Optimierung

  Ausgangspunkt dieser Ansätze ist nicht, wie bei den anderen Verfahren, eine intuitive Formulierung der Aufgabenstellung, sondern eine formale Beschreibung der Problemstellung mit Hilfe eines mathematischen Modells, das aus einer Zielfunktion und mehreren Nebenbedingungen besteht.

- Spezialisierte Verfahren

  Ausgehend von einer dem realen Problem möglichst nahe kommenden Problem- bzw. Modellformulierung werden in der Literatur zahlreiche heuristische Verfahren zur Bildung von Erzeugnisfamilien vorgeschlagen. Diese Ansätze berücksichtigen insbesondere Bedingungen wie Bearbeitungszeiten, Erzeugnismengen, Rüstzeiten, Kapazitätsbeschränkungen, Verfügbarkeit mehrerer Maschinen eines Typs, Personalbedarf usw.

Bewertung

Die Beschreibung der grundsätzlichen Idee der Inselproduktion zeigt, dass die Umstellung einer verrichtungsorientierten Werkstattproduktion zu einer objektorientierten Inselproduktion die Rüst- und Transportzeiten verkürzt. Kürzere Rüst- und Transportzeiten ermöglichen kleinere Produktions- bzw. Transportlosgrößen, die sich wiederum positiv auf die Zwischenlagerbestände und die Auftragsdurchlaufzeiten auswirken. Darüber hinaus verringert sich der

Bedarf an Transportmitteln, da die meisten Transporte innerhalb der Fertigungsinsel stattfinden. Flexibilitätssteigernde Effekte ergeben sich auch in der Qualifizierung der Mitarbeiter für unterschiedliche Arbeitsplätze und für bislang zentral durchgeführte Tätigkeiten wie Instandhaltung und Qualitätssicherung.

Der wesentliche Nutzen der Produktion besteht aber in der komplette Bearbeitung von Modulen oder ganzen Produkten. In der betrieblichen Praxis gehen Produktionsinseln einher mit der Bildung von Gruppen, also der Auflösung der tayloristischen Arbeitsweise. Produktionsinseln stellen somit einen Beitrag zur Modularisierung von Fabriken dar und erhöhen aus diesem Grund die Reaktionsschnelligkeit und die Kundennähe der Produktion.

Prozessfähigkeit

Hintergrund

Im Laufe eines Produktionsprozesses kann es immer wieder zu Störungen kommen, z. B. durch Verschleißerscheinungen bei Werkzeugen oder Qualitätsschwankungen der eingesetzten Materialien. Diese Störungen können die Qualität des zu fertigenden Teils bzw. Produkts nachhaltig beeinträchtigen. Mit Hilfe der *Statistischen Prozessregelung* (SPC) sollen Störungen in einem Fertigungsprozess aufgedeckt werden, um Ansatzpunkte zu ermitteln, die dazu dienen, ein erneutes Auftreten möglichst zu verhindern oder zumindest stetig zu reduzieren. Um Störungen bzw. Unsicherheiten im Laufe eines Fertigungsprozesses möglichst frühzeitig zu erkennen und um diesen adäquat entgegenzuwirken, eine Messung geeigneter Qualitätsmerkmale des Prozesses und deren Bewertung unbedingt erforderlich. Eine wirksame Methode, die sich in der Praxis bewährt hat, ist die so genannte *Prozessfähigkeitsuntersuchung*.

Konzept

„Im Rahmen der Prozessfähigkeitsuntersuchung werden über einen längeren Zeitraum kleine Stichproben aus einem laufenden Prozess genommen und statistisch ausgewertet" (Wildemann 1992, S. 213). Dabei soll festgestellt werden, ob der Fertigungsprozess langfristig betrachtet in der Lage ist, die an ihn gestellten Qualitätsanforderungen zu erfüllen. „Die Prozessfähigkeit – ein Begriff aus der Automobilindustrie – ist ein Maß für die langfristige Merkmalsstreuung, die von Mensch, Maschine, Material, Methode und Arbeitsumgebung beeinflusst wird" (Kamiske, Brauer 2003, S. 305), und wird durch die beiden Kennwerte bzw. Prozessfähigkeitskoeffizienten c_p (capability of process) und c_{pk} (critical capability of process) ausgedrückt. Dabei berücksichtigt der c_p-Wert ausschließlich die Prozessstreuung, während der c_{pk}-Wert auch eine Aussage über die Lage des Prozesses im Verhältnis zu der vorgegebenen Toleranz einschließt. Der c_{pk}-Wert erlaubt also im Rahmen der Statistischen Prozessregelung eine Aussage über die Beherrschtheit eines Prozesses.

Die Prozessfähigkeit ist nur dann sinnvoll zu berechnen, wenn der Prozess sich unter statistischer Kontrolle befindet, also beherrscht ist. In diesem Falle treten lediglich zufallsbedingte Streuungen (natürliche, gleichmäßige und normalverteilte Streuungen) auf (Kamiske, Brauer 2003, S. 305).

Bewertung

Eine notwendige Voraussetzung, um einen hohen Prozessfähigkeitswert zu erreichen, ist eine ausreichende Maschinenfähigkeit. Im Zusammenspiel mit der Maschinenfähigkeit ist die Verbesserung der Prozessfähigkeit also ein ausgezeichnetes Mittel, stabile, robuste und reproduzierbare Produktionsprozesse zu realisieren, die nach dem Konzept der Schlanken Produktion als entscheidend für eine hohe Produktqualität bei gleichzeitig großer Wirtschaftlichkeit gesehen werden.

Quality Function Deployment (QFD)

Hintergrund

Die konsequente Ausrichtung auf die Markt- bzw. Kundenanforderungen wird für Produzenten zu einem immer wichtigeren Faktor, um sich gegenüber der Konkurrenz zu behaupten. *Quality Function Deployment* stellt als ein umfassendes Planungs- und Kommunikationssystem in diesem Zusammenhang eine Qualitätsmethode zur systematischen Aufbereitung von Kundenwünschen dar sowie ein technisches Konzept zur Angebotserstellung. QFD sorgt dafür, dass die Möglichkeiten des Unternehmens auf die Erwartungen der Kunden ausrichtet werden und somit die Entwicklung von solchen Produkten und Dienstleistungen sicherstellt wird, die vom Markt wirklich angenommen werden.

Diese Methode ist dadurch gekennzeichnet, dass alle Unternehmensbereiche in den Produktionsplanungs- und -entwicklungsprozess involviert werden, so dass in Form von Teamarbeit auf diese Weise „alle vorhandenen Fähigkeiten innerhalb eines Unternehmens koordiniert werden, um Produkte zu entwerfen, zu fertigen und zu vermarkten, die den Kundenwünschen entsprechen“ (Kamiske, Brauer 2003, S. 263 f.).

Konzept

„Erstmals wurde Quality Function Deployment Ende der 60er Jahre auf der Schiffswerft Mitsubishi Heavy Industries in Kobe (Japan) eingesetzt“, und „nachdem die Toyota Motor Company, Ltd. Anfang der 70er Jahre diese Idee übernommen und weiterentwickelt hatte, verbreitete sich Quality Function Deployment zunächst in Japan, später dann in den USA und inzwischen auch in Europa“ (Kamiske, Brauer 2003, S. 257).

„Die gesamte Quality Function Deployment-Methodik besteht aus einer Reihe von aufeinander aufbauenden Planungsschritten, die sich in vier Entwicklungsphasen einteilen lassen“ (Kamiske, Brauer 2003, S. 258f.):

Phase 1: Qualitätsplan Produkt

Die oft vage und emotional geäußerten Kundenwünsche (Sprache des Kunden) werden in messbare Qualitätsmerkmale des Produktes (Sprache des Ingenieurs) umgesetzt. Die kritischen Qualitätsmerkmale werden identifiziert.

Phase 2: Qualitätsplan Konstruktion/Teile

Die kritischen Qualitätsmerkmale des Produktes fließen in die Entwicklung der Baugruppen, Unterbaugruppen und Teile ein, bei denen erneut die kritischen Qualitätsmerkmale herausgestellt werden.

Phase 3: Qualitätsplan Prozess (Prozess- und Prüfablaufpläne)

Auf der Basis der kritischen Qualitätsmerkmale für die Teile werden die Prozess- und Prüfabläufe erstellt, die sowohl die Produkt- und Prozessparameter als auch die einzelnen Prüf- und Testpunkte beinhalten. Darüber hinaus werden die kritischen Prozessmerkmale ermittelt.

Phase 4: Qualitätsplan Produktion (Arbeits- und Prüfanweisungen)

Aus den kritischen Prozessmerkmalen und den Prozess- und Prüfablaufplänen werden die Arbeits- und Prüfanweisungen abgeleitet, die die Ablaufpläne ergänzen. Sie bestimmen die Arbeitsvorgänge des Werkstattpersonals mit dem Ziel, die aus den Kundenwünschen abgeleiteten Qualitätsmerkmale zu verdeutlichen und auch auf der Produktionsebene sicher zu erreichen.

„Als methodisches Hilfsmittel dient das *House of Quality*, eine komplexe Matrix, die Kundenwünsche technischen Merkmalen gegenübergestellt und gleichzeitig die Durchführung von Wettbewerbsvergleichen ermöglicht“ (Wildemann 1993, S. 12). Für jede einzelne der oben beschriebenen vier Phasen wird jeweils ein House of Quality erstellt. Dazu wird ein Team mit Mitarbeitern aus den Bereichen Produktplanung, Marketing, Konstruktion, Arbeitsvorbereitung, Qualitätssicherung sowie ggf. Finanzierung und Beschaffung zusammengestellt. Da sich die Vorgehensweisen in jeder Phase ähneln, reicht es an dieser Stelle aus, nur die zehn Schritte, die zur Erstellung des House of Quality benötigt werden, der Phase 1 (Qualitätsplan Produkt) zu betrachten.

Vorgehensweise beim House of Quality (vgl. Kamiske, Brauer 2003, S. 260 ff.):

1. Festlegung der Kundenanforderungen

Die Kundenwünsche, die von den Abteilungen Marketing und Verkauf sowie aus anderen Quellen ermittelt wurden, werden aufgelistet. Da die Vorstellungen und Anforderungen der Kunden stark differieren können, „empfiehlt es sich, diese nach geeigneten Merkmalen bzw. Oberbegriffen zu ordnen, dann klassenweise zusammenzufassen und anschließend zu gewichten“ (Kamiske, Brauer 2003, S. 260 f.).

2. Kritischer Wettbewerbsvergleich aus Kundensicht

Auf Basis der Kundenanforderungen wird das eigene Produkt in einer kritischen Bewertung mit den Produkten der Wettbewerber verglichen, um so den Grad der Erfüllung der Kundenanforderungen des eigenen Produktes im Verhältnis zu dem der Wettbewerbsprodukte zu ermitteln, d. h., herauszufinden, welche Kundenanforderung von welchem Wettbewerber besser erfüllt wird bzw. wo im eigenen Unternehmen Handlungsbedarf besteht. Kann diese Bewertung nicht durch die Kunden selbst vorgenommen werden, „können entsprechende Daten von der Marktforschung ermittelt oder von spezialisierten Institutionen erhoben werden“ (Kamiske, Brauer 2003, S. 261). Aus dem Ergebnis dieses Vergleichs werden im Anschluss die zukünftigen Verkaufsschwerpunkte abgeleitet. Danach wird eine Servicegewichtung durchgeführt, die Informationen über Verbraucherprobleme, Gewährleistungsdaten, Kundenbeschwerden und -reklamationen sowie Aktivitäten der Wettbewerber in dieser Richtung enthält.

3. Festlegung der Qualitätsmerkmale (Designanforderungen)

Unter Zuhilfenahme der Kenntnisse von Entwicklern und Konstrukteuren werden die Kundenanforderungen „in technisch orientierte bzw. real durchführbare Anforderungen (Designanforderungen) übersetzt, wodurch sie zugleich in produktorientierte Qualitätsmerkmale überführt werden, die nach Möglichkeit messbare Größen am fertigen Produkt darstellen sollen“ (Kamiske, Brauer 2003, S. 261). Kurzum: Es werden die technischen Möglichkeiten zur Realisierung der Kundenanforderungen geprüft.

4. Beziehungen zwischen Kundenanforderungen und Qualitätsmerkmalen

„Die technischen Merkmale werden den Kundenanforderungen in Form einer Matrix so gegenübergestellt, dass die Werte der Matrix anzeigen, wie stark der Einfluss der technischen Merkmale auf die Anforderungen des Kunden ist“ (Wildemann 1993, S. 13). Die jeweiligen Interdependenzen zwischen Kundenanforderungen und Qualitätsmerkmalen (Designanforderungen) werden je nach Ausprägung in Form der Symbole Dreieck, Kreis und Doppelkreis dargestellt:

- *Dreieck*: schwache Beziehung
- *Kreis*: mittlere Beziehung
- *Doppelkreis*: starke Beziehung

Eine schwache Beziehung ist ein Hinweis darauf, „dass der Produktentwurf nicht ausreichend auf die Bedürfnisse des Kunden ausgerichtet ist“ (Wildemann 1993, S. 13). Je stärker die Beziehung, desto besser ist die Ausrichtung auf die Kundenbedürfnisse. Mit Hilfe dieser Gegenüberstellung „wird es möglich, die häufig sehr komplexen Relationen zwischen den Wünschen der Kunden und den technischen Qualitätsmerkmalen zu visualisieren und eventuell bestehende Zielkonflikte zu erkennen“ (Kamiske, Brauer 2003, S. 262).

5. Bestimmung der Optimierungsrichtung

Jedem ermittelten Qualitätsmerkmal wird eine Optimierungsrichtung zugeordnet, die mit einem Pfeilsymbol angezeigt wird. Die Richtung der Pfeil kann nach oben oder nach unten zeigen, gibt an, wie das Merkmal verändert werden muss, um es zu verbessern. „Falls ein Merkmal auf einen konkreten Zielwert eingestellt werden soll, wird dies durch einen Kreis symbolisiert“ (Kamiske, Brauer 2003, S. 262).

6. Wechselbeziehungen

Im sechsten Schritt „werden die Ausprägungen des Zielwertes jedes einzelnen technischen Merkmals quantifiziert und die technische Bedeutung der Merkmale ermittelt“ (Wildemann 1993, S. 14). Im Dach des House of Quality werden die bestehenden Beziehungen zwischen den einzelnen Qualitätsmerkmalen dargestellt, um zu verdeutlichen, welche Merkmale sich entsprechend ihrer Optimierungsrichtung unterstützen.

7. Technische Schwierigkeiten

„Die aufgeführten Qualitätsmerkmale (Designanforderungen) werden im Hinblick auf eventuelle Schwierigkeiten bei der technischen Realisierung von den Ingenieuren nummerisch bewertet“ (Kamiske, Brauer 2003, S. 262).

8. Festlegung der objektiven Zielwerte

„Für jedes Qualitätsmerkmal bzw. jede technische Designanforderung ist seine Ausprägung als objektiver Zielwert einzutragen“ (Kamiske, Brauer 2003, S. 263). Objektive Zielwerte sind Einheiten oder Maßgrößen, die das betrachtete Qualitätsmerkmal charakterisieren. Diese Vorgehensweise macht es möglich, „die Erfüllung der Kundenanforderungen, die im dritten Schritt in detaillierte technische Forderungen übersetzt wurden, … durch physikalische Werte oder andere Kenngrößen“ (Kamiske, Brauer 2003, S. 263) zu kontrollieren.

9. Kritischer Wettbewerbervergleich aus technischer Sicht

An dieser Stelle werden nun mit Hilfe der Ingenieure die Designanforderungen (Qualitätsmerkmale) einem kritischen Vergleich mit den Produkten der Wettbewerber auf Basis objektiver Messungen unterzogen, bei denen technische Spezifikationen im Fokus der Betrachtung stehen. „Als Ergebnis liegt der Grad der Erfüllung der technischen Designanforderungen des eigenen Produktes im Verhältnis zu dem der Wettbewerbsprodukte vor“ (Kamiske, Brauer 2003, S. 263).

10. Bewertung der technischen Bedeutung

Zum Abschluss wird anhand eines einfachen Rechenschemas die Bedeutung der technischen Designanforderungen (Qualitätsmerkmale) ermittelt. „Dazu wird die Gewichtung der Kundenanforderungen mit der Bewertung der Beziehungen zwischen Kundenanforderungen und Qualitätsmerkmalen multipliziert und spaltenweise aufaddiert“ (Kamiske, Brauer 2003, S. 263). Aus der Anwendung eines solchen Rechenschemas resultiert die absolute und relative Bedeutung der kritischen Designanforderungen. Daraus lässt sich wiederum eine Rangfolge der jeweiligen technischen Bedeutung ableiten, welche die Eingangsgröße für die QFD-Phase 2 (Qualitätsplan Teile) darstellt.

Bewertung

QFD ist eine Methode, die dafür sorgt, dass alle in der Produktplanung involvierten Abteilungen frühzeitig interdisziplinär zusammenarbeiten „mit dem Ziel, Qualitätsanforderungen der Kunden so in den Produktplanungs- und Produktentstehungsprozess einzubeziehen, dass Kosten, die sonst in der Produktionsanlaufphase oder in einer späteren Produktlebenszyklusphase durch Änderungen am Produkt oder Produktionsprozess entstehen, präventiv vermieden werden“ (Wildemann 1993, S. 12). „Im Rahmen dieses Prozesses können viele verschiedene Arbeitstechniken angewendet werden, die häufig in engem Zusammenhang bzw. direktem Informationsaustausch zu Quality Function Deployment stehen“ (Kamiske, Brauer 2003, S. 263). Zu den Arbeitstechniken gehören z. B. *FMEA* und *Statistische Prozessregelung*.

Unnötige Kosten zu vermeiden, kann erheblich dazu beitragen, in dynamischen Märkten die Wettbewerbsfähigkeit mindestens zu erhalten oder gar zu steigern. Ein weiterer Faktor, um die Marktposition zu behaupten bzw. zu verbessern, ist die Erhöhung der Kundenzufriedenheit, indem genau die Produkte entworfen, gefertigt und vermarktet werden, „die der Kunde zu kaufen wünscht“ (Wildemann 1993, S. 106). „Die Gefahr, dass an den eigentlichen Anforderungen der Nutzer vorbeikonstruiert wird, sinkt, da insgesamt eine deutliche Ausrichtung der Entwicklungsaktivitäten an den Bedürfnissen der Verbraucher stattfindet“ (Wildemann 1993, S. 15).

„Vorbereitende Schulungen oder spezielle Einweisungen der beteiligten Mitarbeiter“ (Wildemann 1993, S. 12) sind zu empfehlen. Des Weiteren sollten auch die Zulieferer dazu angehalten werden, QFD anzuwenden. In der Praxis hat sich gezeigt, dass die Anzahl der Konstruktionsänderungen auf diese Weise um die Hälfte reduziert und die Entwicklungszeiten entsprechend verkürzt werden konnten, was zu einer deutlichen Erhöhung der Reaktionsfähigkeit am Markt führt.

Bei näherer Betrachtung des QFD-Konzepts könnte man zu dem Schluss gelangen, dass der Arbeitsumfang und damit auch der Zeitaufwand erheblich sind. Nach Ansicht von Kamiske und Brauer stehen allerdings „dem scheinbar größeren Arbeitsumfang, der bei der Anwendung von Quality Function Deployment zu Beginn des Entwicklungsprozesses anfällt, wesentliche Zeiteinsparungen in der zweiten Entwicklungshälfte gegenüber“ (Kamiske, Brauer 2003, S. 265). Des Weiteren sind die beiden Autoren der Meinung, dass „eine ausschließliche Konzentration auf die explizit geäußerten Kundenanforderungen“ (Kamiske, Brauer 2003, S. 265) zu vermeiden sei, da die Eigeninitiative und Kreativität der Entwicklungsingenieure nicht vollends unterdrückt werden soll. Man verspricht sich davon, dass so „die noch schlummernden Bedürfnisse potenzieller Kunden erfüllt werden“ (Kamiske, Brauer 2003, S. 265) könnten.

Der teilweise enorme Aufwand, der mit QFD verbunden ist mag zunächst für viele Produzenten abschreckend sein. Jedoch zeigen die überaus positiven Erfahrungen, die beispielsweise heimische Automobilzulieferer mit denjenigen Automobilproduzenten gemacht haben, die auf die QFD-Systematik setzen, dass sich der im Vorfeld investierte Aufwand im Laufe der Wertschöpfungspartnerschaft mehr als ausbezahlt.

Qualifikationsmatrix

Hintergrund

Um Qualifikationsbedarfe der Mitarbeiter zu entdecken, ist ein regelmäßiger Vergleich der Fähigkeiten der Mitarbeiter mit den Anforderungen ihres Arbeitsplatzes vorzunehmen. Berufsbilder tun dies nur auf sehr formale Art und Weise. Führungskräfte sind gefordert, sich in regelmäßigen Abständen Gedanken über die zukünftigen Anforderungen zu machen, um rechtzeitig sich abzeichnende Qualifikationsdefizite zu erkennen. Insbesondere vor dem Hintergrund der Entwicklung von flexiblen Produktionen ist eine breite Qualifikation an Mitarbeitern vonnöten.

Konzept

Hierfür kann sich die Führungskraft der so genannten Profilvergleichsmethode bedienen. Dabei werden die Ist-Qualifikationen und Soll-Qualifikationen auf einem Beurteilungsraster nach einheitlichen Merkmalen gegenübergestellt. Auf diese Art und Weise werden Defizite in der Qualifikation der Mitarbeiter deutlich sichtbar. Die Soll-Qualifikationen bestimmen sich aus den zukünftigen Arbeitsanforderungen.

In der Praxis sind *Qualifikationsmatrizen* gebräuchlich, insbesondere zur Offenlegung und Sichtbarmachung des Qualifikationsstands der Mitarbeiter von Arbeitsgruppen. Die Qualifikationsmatrix eignet sich gut zur Visualisierung am betreffenden Arbeitsort, um auf einen Blick den Qualifizierungsstand der Gruppenmitglieder offen zu legen (Bühner 1997, S. 125 f.).

Bewertung

Durch den Einsatz einer Qualifikationsmatrix können die Fähigkeiten zur Erfüllung des Prozesses transparent gemacht werden. Engpässe werden ebenso deutlich wie vorhandene Fähigkeiten der Mitarbeiter. In einer Qualifikationsmatrix können Trainingsprogramme abgeleitet und individuelle Ziele formuliert werden.

Qualitätsregelkarte

Hintergrund

Die *Statistische Prozessregelung (SPC)* ist dadurch gekennzeichnet, wichtige Kenngrößen eines Produktions- bzw. Fertigungsprozesses zu verfolgen, um eventuelle Abweichungen so frühzeitig zu erkennen, „dass vor der Entstehung fehlerhafter Produkte geeignete Korrekturmaßnahmen ergriffen werden können" (Frehr 1994, S. 230 f.), indem die Einrichtungen vor ihrer geplanten Verwendung daraufhin untersucht werden, „ob diese in der Lage sind, die geforderten Toleranzen sicher einzuhalten" (Frehr 1994, S. 231). Als Hilfsmittel dienen neben der Maschinenfähigkeits- und Prozessfähigkeitsuntersuchung verschiedene Arten von *Qualitätsregelkarten*. Diese sind ein grafisches Hilfsmittel zur Überwachung und Regelung von Produktionsprozessen, ermöglichen das frühzeitige Erkennen von Störungen und geben Anstöße zur Verbesserung der Prozessqualität.

Konzept

Mit Unterstützung einer Qualitätsregelkarte soll überwacht werden, ob ein Prozess beherrscht ist. Dazu werden zunächst in regelmäßigen Zeitabständen Stichproben aus einem Fertigungsprozess entnommen. Die daraus resultierenden Daten werden in ein Formblatt mit Koordinatensystem eingetragen. Die Daten sind Messwerte oder daraus errechnete Kennzahlen, „die in Verbindung mit vorher eingezeichnetem Mittelwert sowie Warn-, Eingriffs- und Toleranzgrenzen zur Untersuchung und zur Steuerung des betrachteten Prozesses dienen" (Kamiske, Brauer 2003, S. 234), indem sie mit den Eingriffsgrenzen verglichen werden.

Der Mittelwert ergibt sich aus dem Verlauf langfristiger Beobachtungen des Prozesses. Die obere und untere Warn- sowie Eingriffsgrenze „stellen jeweils den Zufallsstreubereich des betrachteten Prozesses dar, also den Betrag, um den die Mittelwerte und Standardabweichungen der Stichproben streuen würden, wenn sie ausschließlich zufälligen Einflüssen unterliegen würden" (Kamiske, Brauer 2003, S. 301). Sie werden berechnet, grafisch ermittelt oder aus Verteilungstabellen entnommen und können je nach Kartentyp unterschiedlich ausfallen. „Üblicherweise werden die obere und untere Warngrenze als Grenzen des 95-%-Zufallsstreubereiches ($\pm 2\sigma$), obere und untere Eingriffsgrenze als Grenze des 99,73-%-Zufallsstreubereiches ($\pm 3\sigma$) gewählt. Die sich daraus ergebende statistische Aussage lautet, dass mit einer Wahrscheinlichkeit von 99,73 % erwartet werden kann, dass der Stichprobenwert innerhalb dieses Zufallsstreubereiches liegt" (Kamiske, Brauer 2003, S. 235 f.).

Obere und untere Warn- und Eingriffsgrenzen dienen als Grenze bei deren Überschreitung durch einen entsprechenden Merkmalswert. Ein sofortiges Eingreifen ist erforderlich, auch wenn nur ein Wert außerhalb der Eingriffsgrenzen liegt, denn dann gilt der Prozess als nicht beherrscht. Besteht Handlungsbedarf, so ist der Prozess zu unterbrechen und dahingehend zu untersuchen, ob tatsächlich ein systematischer Einfluss vorliegt.

Der Prozess sollte aber bereits dann mit erhöhter Aufmerksamkeit verfolgt werden, wenn Eintragungen außerhalb einer Warngrenze liegen, insbesondere dann, wenn sich die Werte immer weiter in Richtung Eingriffsgrenzen bewegen. Das Hauptaugenmerk liegt aber bei der oberen und unteren Eingriffsgrenze, da auf das Führen von Warngrenzen heutzutage weitestgehend verzichtet wird.

Wie muss man sich aber nun einen fähigen bzw. beherrschten Prozess vorstellen? „Ein beherrschter Prozess weist lediglich eine zufällige und keine systematische Streuung auf, er läuft also langfristig innerhalb der vorgegebenen Grenzen ab“ (Kamiske, Brauer 2003, S. 237). Im Rahmen einer Prozessfähigkeitsuntersuchung werden Prozesse mit Hilfe von Kennzahlen dann als qualitätsfähig bzw. beherrscht bezeichnet, wenn bestimmte Werte (c_p und $c_{pk} \geq 1{,}33$) erreicht werden. „Wenn auf einen Prozess nur noch zufällige Einflüsse einwirken und das zukünftige Verhalten somit innerhalb bekannter Grenzen vorhersehbar ist, gilt der Prozess bezüglich des betrachteten Merkmals als beherrscht.

Je nachdem welche Merkmalsart (kontinuierliche oder diskrete) untersucht werden soll, stehen unterschiedliche Qualitätsregelkarten zur Verfügung:

Qualitätsregelkarten für kontinuierliche Merkmale

„Qualitätsregelkarten zur Überwachung von kontinuierlichen Merkmalswerten bei messenden Prüfungen lassen sich unterteilen in einspurige Lagekarten (Mittelwertkarten oder Mediankarten) und Streuungskarten (Standardabweichungskarten oder Spannweitenkarten) sowie als Kombinationen aus beiden Typen.

Qualitätsregelkarten für diskrete Merkmale

Qualitätsregelkarten für diskrete Merkmale basieren auf dem Vorhandensein von Zählwerten, z. B. der Anzahl von Fehlern. Die Qualitätsregelkarten für diskrete Merkmale erfordern relativ große Stichprobenumfänge (Faustregel: ≥ 50) und eine große Anzahl an Stichproben (Faustregel: ≥ 20), um auch kleinere Prozessänderungen zu entdecken und zuverlässige Aussagen über die Stabilität des Prozesses zu erhalten. Dabei sollte der Stichprobenumfang konstant sein oder nicht mehr als ± 25 % schwanken.

Bewertung

Qualitätsregelkarten sind als ein hervorragendes Frühwarnsystem anzusehen, um Abweichungen im Laufe eines Fertigungsprozesses frühzeitig zu erkennen, und so einzugreifen, dass der Prozess wieder in geordneten Bahnen verläuft und somit Ausschuss vermieden werden kann. Dabei ist im Umgang mit Qualitätsregelkarten zu beachten, dass die Stichproben grundsätzlich im gleichen Umfang gezogen sowie regelmäßig geprüft werden und jeder Eingriff vermerkt wird. Die Ursache für Abweichungen lässt sich anhand einer Qualitätsregelkarte allerdings nicht erkennen. Eine Ursachenanalyse für Prozesszustand oder Abweichungen ist aber unbedingt erforderlich, um die Qualitätsfähigkeit des Prozesses wieder herzustellen. „Dieses rechtzeitige Erkennen von Abweichungen und die dadurch erreichte Verminderung von Ausschussproduktion sowie die Darstellung zeitlicher Veränderungen des Prozesses zählen zu den Vorzügen der Qualitätsregelkarte“ (Kamiske, Brauer 2003, S. 236).

Qualitätsregelkarten können sowohl für sehr kleine Stückzahlen in Form von Urwertkarten eingesetzt werden als auch in der Serienfertigung. „In der Serienfertigung lässt sich das Verfahren mit Rechnerunterstützung und ggf. auch mit Sensoren an den Maschinen rationalisieren. Sein besonderer Vorteil liegt in der Anwendungsmöglichkeit durch den Maschinenbediener selbst, der damit vor Fehlerentstehung eingreifen kann, ohne auf eine nachgeschaltete Kontrolle warten zu müssen“ (Frehr 1994, S. 231 ff.).

Ein weiterer Vorzug der Anwendung einer Qualitätsregelkarte ist die Visualisierung des Prozessverhaltens anhand von Werten in einem Zeitrahmen, in dem der Ist- mit dem Soll-Wert verglichen und die Toleranzeinhaltung überwacht wird. So kann eine Beurteilung über die Prozessstabilität abgegeben werden. Im Rahmen einer ausgewählten Stichprobe kann allerdings nur ein Merkmal betrachtet werden. Es ist daher keine 100 %-Prüfung möglich.

Radio Frequency Identification (RFID)

Hintergrund

Millionen von Rechnersystemen sind heute weltweit über das Internet vernetzt und erlauben nach Eingabe der richtigen URL-Adresse den Abruf von Informationen – unabhängig von Ort und Zeit. Eine Entwicklungsstufe höher ist das Internet der Dinge angesiedelt. Es bezeichnet die Vernetzung mit Waren, die jederzeit und überall Informationen zu einem Artikel oder einer Palette mit Hilfe einer weltweit eindeutigen ID über das Internet abrufbar macht. Als Identifikations-Träger bietet sich die *Radio Frequency Identification (RFID)* als moderne Methode der automatischen Datenerfassung an.

Der RFID-Techologie wird ein enormes Entwicklungspotenzial in den nächsten Jahren vorausgesagt. Die Hoffnungen und Erwartungen seitens des Handels und der Industrie an diese Technologie konzentrieren sich vordergründig auf Rationalisierungs- und Optimierungspotenziale in der logistischen Lieferkette (*Supply Chain*) durch verbesserte Optimierungspotenziale.

Konzept

Die effizienteste Lösung für das Erfassen der Ware auf ihrem Weg in der Lieferkette erfolgt ohne manuelles Eingreifen und Unterbrechen des Warenflusses. Als Schlüsseltechnologie bietet RFID mit der sicht- und kontaktlosen Datenübertragung auf Basis elektronischer Wellen, selbst durch körperliche Hindernisse hindurch, das Potenzial hierzu.

Waren werden beim Einsatz von RFID mit *Transpondern* (auch *Tags* genannt) gekennzeichnet. Der Tag dient als Datenträger, dessen zentrale Komponente ein Mikrochip ist. Dieser enthält Informationen, die bei Bedarf über ein Koppelelement, das als Antenne dient, an die Umwelt abgegeben werden können. Ein Tag besteht aus einem Mikrochip, einer Antenne sowie einer umschließenden Schutzhülle. Das gesamte RFID-System setzt sich aus dem Transponder und einer Schreib-/Lesestation zusammen, die mit nachgelagerten Anwendungen, wie etwa einem Warenwirtschaftssystem, verbunden sind.

Um eine Radio Frequency Identification möglich zu machen, benötigt man grundsätzlich (wie auch in der Netzwerktechnik bekannt) einen Klient und einen Server, also einen Sender und einen Empfänger.

Der Datenaustausch zwischen diesen beiden Komponenten erfolgt über elektromagnetische Felder. In einer Transpondereinheit befinden sich daher immer ein Chip als Datenträger und eine Antenne zur Kopplung. Je nach Bauart enthalten Transponder entweder eine Batterie mit hoher Lebensdauer (*aktive Transponder*), oder die Energieversorgung erfolgt, ausgehend vom Lesegerät, ebenfalls durch das elektromagnetische Feld (*passive Transponder*) (vgl. Dönges 2005, S. 271).

Oftmals ist der Transponder aber in der Größe eines Etiketts vorzufinden, um z. B. Lebensmittel identifizieren zu können. Generell kann also gesagt werden: Ist die Lebensdauer sowie die Funktionalität hoch angesetzt, so ist das Gehäuse bzw. der Transponder größer.

RFID bietet aufgrund der technologischen Eigenschaften Nutzenpotenziale über die gesamte Versorgungskette, so auch in der Produktion, für die Materialverfolgung, zur Kommissionierung, in der Lagerhaltung, beim Transport, beim Wareneingang und -ausgang, zur Bestandskontrolle oder zur Regaloptimierung.

Speziell in der Produktion, aber auch in der Logistik ergeben sich viele Einsatzmöglichkeiten für RFID:

- Die schnelle Identifikation der Waren verkürzt den Aufwand für die Warenannahme im Wareneingang und reduziert den Aufwand für diesen Prozess erheblich.
- Bestände sind zu beliebigen Zeiten online und auch bei gemischter Beladung einer Palette jederzeit ermittelbar, die Vollinventur eines Hochregallagers wird möglich.
- RFID-Tags können einzelne Arbeitsprozesse identifizieren und überwachen. Durch die Fortschreibung kann jederzeit festgestellt werden, in welchem Arbeitsschritt sich das Produkt befindet. Neben der Verfolgung des Produkts kann auch das in die Fertigung einfließende Material durch Transpondereinheiten verfolgt werden.
- Um die in der modernen Logistik eingesetzten Mehrwegbehälter und Ladeeinheiten wie z. B. Paletten zu verwalten und deren Durchlauf durch die verschiedenen Stufen der Logistikkette verfolgen zu können, sind RFID-Systeme gut geeignet. Denn RFID-Tags ermöglichen die Identifizierung jedes einzelnen Behälters und sind besonders widerstandsfähig gegenüber äußeren Einwirkungen beim Transport oder bei der Reinigung der Behälter.

Bewertung

Darüber hinaus stehen bei RFID-Anwendungen neue Qualitäten im Vordergrund, die mit herkömmlichen Identifikationssystemen wie Bar-Coding und Scanning, nicht möglich sind:

- Hinterlegung zusätzlicher Informationen direkt auf dem Transponder
- genaue Identifikation einzelner Warenstücke durch individuelle Seriennummern zusätzlich zur Produktidentifikation
- Identifikation erfolgt automatisch ohne Bedarf für manuelles Handling
- Identifikationsmöglichkeit, auch wenn keine Sichtlinie zwischen Transponder und Lesegerät besteht
- Gleichzeitige Identifikation vieler Transponder durch ein Lesegerät

Recycling

Hintergrund

„Die zunehmende Verknappung natürlicher Ressourcen und die damit verbundenen Preissteigerungstendenzen bei Rohstoffen, die wachsende Belastung der Umwelt mit industriellen Schadstoffen, das erhöhte Umweltbewusstsein der Öffentlichkeit, die verschärfte Gesetzgebung auf dem Gebiet des Umweltschutzes und die durch den technischen Fortschritt erreichten, verbesserten und erweiterten Lösungsmöglichkeiten auf dem Gebiet des *Recyclings*" (Arnolds, Heege, Tussing 1998, S. 405) sind nur einige von vielen Gründen, die dazu führen, dass Industrieunternehmen der betrieblichen Abfallwirtschaft immer mehr Beachtung schenken und sie bei ihnen zunehmend an Bedeutung gewinnt, da sie starke Auswirkungen auf die Rentabilität des Unternehmens haben kann. „Während sich durch eine sinnvolle Verwertung der Abfälle, die in vielen Betrieben beträchtliche Werte repräsentieren, vor allem die Erlöse verbessern lassen, können eine funktionierende und durchdachte Abfallvermeidung und -beseitigung positive Auswirkungen auf die Kostenseite einer Unternehmung haben. Deshalb kommt einer auf Wirtschaftlichkeitsüberlegungen basierenden Abfallwirtschaft, die jedoch gleichzeitig ökologische Aspekte nicht außer acht lassen darf, sowie einer betriebswirtschaftlich sinnvollen Einordnung dieser Aufgabe in die Organisationsstruktur einer Unternehmung große Bedeutung zu" (Arnolds, Heege, Tussing 1998, S. 405). Kern der betrieblichen Abfallwirtschaft ist in der Regel die Abfallbehandlung, die aus einer Abfallverwertung (Recycling) einerseits oder einer Abfallbeseitigung andererseits bestehen kann.

Konzept

Recycling ist demnach jene Form der Abfallverwertung, die Abfälle nach Möglichkeit unmittelbar im eigenen Unternehmen (*unternehmensinternes Recycling*) nutzt oder ihre Nutzung in anderen Unternehmen anstrebt (*interindustrielles Recycling*) (vgl. Arnold 1997, S. 198).

Unternehmensinternes Recycling

In der Regel werden drei Formen des unternehmensinternen Recyclings unterschieden – die Wiederverwendung, die Wiederverwertung sowie die Weiterverwertung oder -verwendung.

Die Wiederverwendung

„Von Wiederverwendung spricht man, wenn das eingesetzte Produkt für den gleichen oder einen ähnlichen Verwendungszweck wiederholt genutzt wird“ (Arnolds, Heege, Tussing 1998, S. 412). Beispiele für die Wiederverwendung sind:

- Mehrmaliger Einsatz von bestimmten Behältern, wie z. B. Flaschen und Fässer
- Rücklauf von bestimmten Betriebsstoffen, wie z. B. Prozesswasser und gereinigtes Altöl

Die Wiederverwertung

„Bei der Wiederverwertung wird der Abfall – in der Regel nach einer gewissen Vorbehandlung und Aufbereitung – als Erzeugnisstoff in den gleichen Fertigungsprozess, aus dem er stammt, wieder eingesetzt“ (Arnolds, Heege, Tussing 1998, S. 412). Beispiele:

- Verwertung von Kunststoffabfällen in der Kunststoffverarbeitung
- Einsatz von Eigenschrott in der Stahlindustrie
- Einschmelzen von Metallabfällen in Gießereien
- Einschmelzen von Goldabfällen in der Schmuckindustrie
- Einschmelzen von Wachsabfällen bei der Kerzenherstellung

Die Weiterverwertung oder -verwendung

„Von der Wiederverwertung unterscheidet sich die Weiterverwertung oder -verwendung dadurch, dass bei dieser Form des Recyclings die Abfälle in anderen Fertigungsprozessen und/oder durch die Herstellung anderer Produkte als der ursprünglichen Prozesse bzw. Produkte eingesetzt werden“ (Arnolds, Heege, Tussing 1998, S. 412).

Interindustrielles Recycling

„Das interindustrielle Recycling setzt voraus, dass andere Unternehmen bereit sind, Abfälle abzunehmen. Im günstigsten Fall können dafür Verkaufserlöse erzielt werden. Bei problematischen Recyclingprozessen wird das abgebende Unternehmen sogar bezahlen müssen (Kosten für Abholung und Aufarbeitung beispielsweise bei Altölrückständen). Nicht mehr benötigte Lagerbestände können z. B. an den Lieferanten mit entsprechenden Preisabschlägen zurückverkauft werden, falls dieser für diese Produkte noch andere Abnehmer – etwa in Auslandsmärkten – finden kann. Gelingt dies nicht, muss der ursprüngliche Lieferant die Abfallstoffe seinerseits wiederverwerten. Dies kann für ihn dann ökonomisch sinnvoll sein, wenn die Materialien der zurückgewonnenen Güter wieder als Input in den Produktionsprozess eingehen können (z. B. Schrottverkauf an Stahlindustrie). Eine Möglichkeit, Abnehmer für bestimmte Abfallstoffe zu finden, bieten so genannte Abfallbörsen. Diese wurden in den 70er Jahren von den Industrie- und Handelskammern eingerichtet. In den Mitteilungsblättern der Kammern werden Angebote und Nachfrage nach bestimmten Abfallgütern öffentlich gemacht“ (Arnold 1997, S. 199).

Bewertung

Die einzelnen Abfallarten sollten möglichst getrennt und sortenrein bleiben und nicht mit anderen Rückständen vermischt werden. „Denn je größer der Reinheitsgrad der Abfälle ist, desto günstiger wird im Allgemeinen die spätere Verwertbarkeit sein“ (Arnolds, Heege, Tussing 1998, S. 409). Dazu kann es erforderlich werden, Abfälle aufzubereiten, auch im Hinblick auf eine Entsorgung. Dazu kann Folgendes gezählt werden (vgl. Arnolds, Heege, Tussing 1998, S. 410):

- Das Reinigen von verschmutzten Abfällen, wie z. B. das Reinigen von gebrauchtem Maschinenöl. Andere Rückstände werden durch Abbrennen, Abwaschen oder durch Klären gesäubert.
- Das Sortieren von gemischten Abfällen: Dies kann unter Umständen recht kostspielig sein.
- Das Umarbeiten von Abfall: Verwandlung nicht genormter Teile in marktgängige Normteile – wenn möglich.
- Die Abfallverdichtung: Lose und sperrige Abfallstoffe, wie z. B. Papier, Kartonagen oder Kunststofffolien, müssen verdichtet werden, damit sie rationeller transportiert werden können. Oft ist das Einpressen der Rückstände in eine Ballenform die Voraussetzung für eine wirtschaftliche Beseitigung bzw. Verwertung.
- Das Demontieren oder Ausschlachten von Produkten, z. B. bei alten Ausrüstungen oder beim Fertigungsausschuss.
- Das Zerstören oder Vernichten von Produkten: Manchmal müssen aus Imagegründen nicht absetzbare Endprodukte oder der Fertigungsausschuss derart verändert werden, dass diese Artikel und ihre Herkunft nicht mehr erkennbar sind, wenn sie auf der Abfallhalde landen (Beispiel: Aktenvernichtung).

Im Rahmen des unternehmensinternen Recyclings fallen in erster Linie Materialabfälle an. Für deren Wiederverwertung kommen im Grunde nur die Abfälle bzw. Reststoffe in Frage, „welche die gleiche Substanz wie das Ursprungsmaterial aufweisen (z. B. Wachsabfälle), während für Kuppelprodukte lediglich die Weiterverwertung in Frage kommt“ (Arnolds, Heege, Tussing 1998, S. 412).

Fehlerhafte Zwischen- oder Endprodukte gelten als Fertigungsausschuss. Durch eine Nachbearbeitung sollte zunächst versucht werden, daraus einwandfreie Produkte herzustellen. „Es ist u. a. von der Schwere und der Besonderheit des aufgetretenen Fehlers, dem Wert des fehlerhaften Produktes und von der Anzahl gleichartiger Ausschussstücke, von den Kosten der erforderlichen Nachbesserung sowie von den sonstigen Nutzungsmöglichkeiten abhängig, ob sich die Nachbearbeitung lohnt“ (Arnolds, Heege, Tussing 1998, S. 413).

Leicht fehlerhafte Endprodukte können als B-Sortierung oder zweite Wahl zu einem ermäßigten Preis auf den Markt gebracht werden, wie es z. B. bei Porzellan oder Kleidungsstücken gängige Praxis ist. Sollte dies nicht möglich sein, „wird man schließlich in bestimmten Fällen überlegen, ob es sich lohnt, dass man den Fertigungsausschuss in seine Bestandteile zerlegt, die dann einer früheren Produktionsstufe im Sinne einer Wiederverwertung zugeführt werden“ (Arnolds, Heege, Tussing 1998, S. 413).

Eine sinnvolle Verwertung der Abfälle im Rahmen eines unternehmensinternen Recyclings hängt natürlich auch von den innerbetrieblichen Gegebenheiten ab, d. h., ein Unternehmen muss über technische Ausstattungen verfügen, die ein Recycling ermöglichen. Eine weitere Voraussetzung ist, „dass beim Verkauf der Abfälle keine größeren Deckungsbeiträge für die Unternehmung erwirtschaftet werden können als beim unternehmensinternen Recycling. Ist diese Voraussetzung nicht gegeben, kommt in der Regel nur der Verkauf von Abfall in Frage“ (Arnolds, Heege, Tussing 1998, S. 414).

Remote Control

Hintergrund

Die organisatorischen Gestaltungsmaßnahmen, die zunehmend von den Unternehmen gefordert werden, zielen auf eine Vereinfachung der Geschäftsaktivitäten durch Kunden-, Qualitäts- und Dienstleistungsorientierung ab. Remote Control stellt ein System dar, das diese Geschäftsaktivitäten zwischen Kunde und Lieferant erleichtert.

Speziell im Maschinen- und Anlagenbau sind die Hersteller zunehmend bestrebt, ein möglichst breites Spektrum an produkt- und produktionsbegleitenden Dienstleistungen anzubieten. Aus diesem Grund erweist sich *Remote Control* als ein verkaufsförderndes Argument.

Konzept

Unter Remote Control versteht man die Steuerung und Kontrolle industriell genutzter Anlagen und Maschinen unter Ausnutzung eines Informationsflusses über räumliche Distanzen hinweg.

Industriell genutzte Maschinen sind sämtliche Maschinen, die sich direkt einem industriellen Produktionsprozess zuordnen lassen und nicht nur der Verarbeitung von Informationen dienen. Informationen können dabei bidirektional fließen, d. h., von der Maschine bzw. Anlage sowohl gesendet als auch empfangen werden. Die Steuerung und Kontrolle der Maschinen und Anlagen müssen zudem nicht unmittelbar durch einen Leitstand nahe der Maschine erfolgen, sondern können ohne weiteres auch über größere räumliche Distanzen erfolgen.

Mitte der 90er Jahre erfolgte mit der flächendeckenden Verbreitung des Internets der Durchbruch für dieses Konzept. Von diesem Zeitpunkt an gestaltete es sich für jeden Maschinen- und Anlagenbauer als ein Muss, aus dem Büro direkt auf die Maschinen der Kunden zugreifen zu können. Die Technik ist dabei bereits so weit entwickelt, dass es keinen Unterschied mehr macht, ob der Spezialist in seinem Büro oder vor Ort an der Anlage sitzt. Heutzutage ist Remote Control mehr als nur ein verkaufsförderndes Argument – es wird von den Anlagenbetreibern geradezu erwartet.

Damit der zur Fernsteuerung von Maschinen notwendige Informationsfluss gewährleistet werden kann, ist eine technische Infrastruktur vonnöten, sie sich in drei Elemente untergliedern lässt: Den Maschinenstandort, das Kommunikationsmedium und den Standort der Fernsteuerung.

Maschinenstandort: Für den Fernzugriff muss die Steuerung der Maschine mit Schnittstellen entsprechend des gewählten Kommunikationsmediums ausgestattet sein. Im Falle einer Internetverbindung ist dies häufig eine Ethernetschnittstelle, an die ein Hub, Switch oder Router mit Firewallfunktion angeschlossen wird. Bei einer Punkt-zu-Punkt-Verbindung über ISDN über eine analoge Telefonleitung muss entweder ein ISDN- oder ein analoges Modem eingebaut sein. Es sind jedoch auch Mischformen der Art möglich, dass mehrere Maschinen intern vernetzt sind und sich über einen eigens darauf ausgelegten Rechner in ein Service Center einwählen.

Als *Kommunikationsmedium* zwischen Maschine und Remote Control stehen grundsätzlich drahtgebundene Lösungen und Funklösungen zur Verfügung. Das Internet zählt dabei zu den drahtgebundenen Lösungen. Funkverbindungen bedienen sich auf der anderen Seite der etablierten Technologien des Mobilfunks wie z. B. GSM und GPRS. Auf diese Weise werden eher unkritische Informationen übertragen wie z. B. Statusmeldungen.

Der *Standort der Fernsteuerung* kann beim Maschinenhersteller selbst gelegen sein oder sich auch in einem eigens dafür geschaffenen Service Center befinden. Ebenso ist es denkbar, dass mehrere Maschinenbetreiber und -hersteller sich gemeinsam der Dienste eines Webportals bedienen. Dabei werden die Maschinendaten auf einen zentralen Server übertragen, auf den sich das Wartungspersonal des Maschinenherstellers mit Hilfe eines handelsüblichen Webbrowsers einloggen kann. Der zwischen Maschinenhersteller und Servicetechniker geschaltete Server übernimmt Aufgaben wie Datensammlung, -haltung, -verwaltung und -auswertung. Der Servicetechniker benötigt dann also nur noch einen Standard-Büro-PC mit einem Web-Browser.

Aus Sicht der Lieferanten ergeben sich Kosteneinsparungen im Service vor allem durch:

- Weniger Serviceeinsätze zu den Maschinen
- Wirtschaftlichen Einsatz eigener Servicemitarbeiter
- Bessere Vorbereitung von Serviceeinsätzen
- Reduktion von Personalkosten
- Reduktion der Reisekosten
- Entlastung der Mitarbeiter von Routineaufgaben
- Erhöhung der Problemlösungskompetenz
- Gleichbleibende Qualität der Leistung
- Neue Ertragsmöglichkeiten
- Kundenbindungspotenzial

Aus Sicht der Kunden ereben sich eine Erhöhung und Sicherung der Maschinenverfügbarkeit hauptsächlich durch:

- Verbesserte Kommunikation, da eine Konferenzschaltung mit mehreren Spezialisten möglich ist
- Schnelle Online-Präsenz vor Ort
- 24-Std.-Erreichbarkeit
- präventive bzw. bedarfsabhängige Instandhaltung
- Schnelle Fehlerdiagnose
- Verringerung der Ausfallkosten
- Steigerung der Wettbewerbsfähigkeit
- Bessere Schulungsmöglichkeiten der Mitarbeiter
- Unterstützung bei der Prozessoptimierung

Bewertung

Remote Control zeichnet sich dadurch aus, dass es eine einfache Möglichkeit ist, Maschinen oder Computer-Systeme von jedem beliebigen Punkt der Welt aus zu steuern, wo die entsprechenden Vorrichtungen hierfür gegeben sind. Dies bringt den positiven Effekt sinkender Personal- und Reisekosten und reduzierter Stillstandszeiten mit sich. Auf der anderen Seite verursacht der Aufbau von Remote Control jedoch auch nicht unerhebliche Kosten, die sich amortisieren müssen.

Servicestrategien werden zukünftig für einen längerfristigen Markterfolg äußerst entscheidend sein und der Online-Service in der Betriebsphase der Maschine zu den wichtigsten Konzepten zählen. Eine zunehmende Anzahl von Experten aus Forschung und Praxis halten Remote Control für etwas, was in der Fabrik der Zukunft nicht mehr wegzudenken ist.

Rüstzeitreduzierung

Hintergrund

Kürzere Rüstzeiten bringen nicht nur einen reinen Zeitvorteil und damit einen Produktivitätsgewinn. Kürzere Rüstzeiten dienen vor allem dazu, kleinere Losgrößen zu ermöglichen, um somit die Flexibilität gegenüber den Wünschen der Kunden zu steigern. Die Folgen sind verkleinerte Auftragsbestände und reduzierte Durchlaufzeiten.

Konzept

Rüsten ist jener Vorgang, der notwendig ist, um eine Anlage vom Produktionsende des gerade produzierten Produkts bis in den Zustand zu versetzen, an dem Gutteile des nächsten Produktes hergestellt werden (vgl. Takeda 2004, S. 79).

Mit jeder Reduzierung der Rüstzeiten sind folgende Konsequenzen verbunden:

- Die real verfügbare Produktionszeit pro Periode nimmt zu.
- Je geringer der Rüstaufwand, desto geringer sind die Stückkosten.

- Bei kleinem Rüstaufwand kann bei Beibehaltung der Maschinenkapazität häufiger umgerüstet werden.
- Kleinere Losgrößen haben zur Folge, dass die Mengen in den Zwischenlagern reduziert werden können, da die Produkte in kürzeren Zyklen produziert werden können.
- Kleinere Zwischenlager und kürzere Rüstvorgänge führen zur Reduzierung der Durchlaufzeit.

Der Rüstvorgang kann als internes Rüsten oder als externes Rüsten erfolgen.

- Als internes Rüsten bezeichnet man jene Vorgänge, die einen Anlagenstillstand zur Folge haben, um beispielsweise ein Werkzeug zu wechseln.
- Beim externen Rüsten wird das Betriebsmittel parallel zur Produktion, also außerhalb der Anlage, auf das nachfolgende Produkt vorbereitet.

Zur kontinuierlichen Reduzierung der Rüstzeiten bietet sich die Vorgehensweise des *SMED (Single Minute Exchange of Die)* an, was etwa Rüsten in einer Minute bedeutet. Diese Vorgehensweise wurde erstmalig bei der Rüstzeitminimierung bei schwer zu handhabenden Pressformen (engl. = die) bei Toyota entwickelt und eingesetzt.

Es ist ein konsequentes System zur Reduzierung der Rüstzeiten, das eine gezielte Entwicklung von speziellen Werkzeugen und Rüsthilfsmitteln zur Folge hat und über mehrere Stufen bis zur Mechanisierung des Vorganges führt. Gelingt die perfekte Durchführung des Rüstvorganges schließlich mit einem Handgriff, hat das System seine höchste Entwicklungsstufe erreicht, die als *One Touch Exchange of Die (OTED)* bezeichnet wird. Priorität hat generell die Reduzierung der internen Rüstzeiten, da diese mit einem Anlagenstillstand verbunden sind und generell den Produktionsfluss unterbrechen.

Der Weg zu SMED erfolgt in folgenden Schritten.

Stufe 1: Keine Unterschiede zwischen internem und externem Rüsten

Stufe 2: Trennung von internem und externem Rüsten

Stufe 3: Umwandlung von internem zu externem Rüsten

Stufe 4: Synchronisation und Optimierung aller Rüstprozesse

Diese Vorgehensweise wird gemeinsam von Mitarbeitern, Teamleitern, der Instandhaltungsabteilung und den Logistikern durchgeführt. Ein wichtiges Hilfsmittel zur Zielerreichung ist hierbei die Standardisierung der verwendeten Werkzeuge und Vorrichtungen und Maßnahmen, wie:

- Einführung von Schnellspannvorrichtungen
- Anwendung des Prinzips Poka-Yoke
- Externes Einstellen der Werkzeuge auf ein definiertes Maß
- Mechanisierung des Werkzeugwechsels

- Paralleles Arbeiten (Synchronisation)
- Festlegen des Rüstvorgangs mit Checklisten und Arbeitsanweisungen

Das somit erreichte Ergebnis ist anschließend präzise zu dokumentieren. Es dient als Standard für die zukünftige Vorgehensweise bei diesem Rüstvorgang. Gleichzeitig ist dieser Standard dann wiederum die Ausgangsbasis für weitere *Kaizen*-Maßnahmen.

Durch die Reduzierung der Rüstzeiten und durch die Produktion kleinerer Losgrößen in den vorgelagerten Produktionsprozessen können diese Prozesse schneller auf Bedarfsänderungen in den nachgelagerten Prozessen reagieren. Dadurch brauchen diese Prozesse noch weniger Bestand zu halten.

In diesem Zusammenhang hat der Begriff *EPEI* einen großen Stellenwert. EPEI bedeutet *Every Part Every Interval* bzw. *jeder Typ in jedem Intervall* und ist ein Messwert für die Größe der Fertigungslose. EPEI gibt an, welchen Zeitraum ein Prozess braucht, um alle Typenvariationen produzieren zu können. Hier können Werte wie z. B. Woche, Tag und Schicht angegeben werden.

Eine Methode zur Bestimmung von vorläufigen Losgrößen für den vorgelagerten Produktionsprozess ist die Ermittlung der für die Rüstvorgänge verfügbaren Zeit pro Tag.

Wenn beispielsweise 16 Stunden pro Tag an einem Prozess zur Verfügung stehen und 14,5 Stunden benötigt werden, um die täglichen Produktionsvorgaben aller Typenvarianten zu erfüllen, bleiben 1,5 Stunden für das Rüsten zur Verfügung. Wenn zehn Prozent der verfügbaren Zeit für Rüstvorgänge angesetzt werden, braucht ein Rüstvorgang 15 Minuten.

Man kann also in diesem Beispiel sechsmal pro Tag umrüsten oder nicht mehr als sechs Typenvariationen fahren. Um mehr als sechs Typenvariationen zu fertigen, d. h. in kleinen Losen, muss die Rüstzeit reduziert oder die Maschinenzuverlässigkeit verbessert werden.

Bewertung

Nur eine deutliche Reduzierung der Rüstzeiten lässt eine flexible und wirtschaftliche Produktion von Losgröße eins überhaupt zu. Der Ansatz, mit Hilfe von Kaizen-Maßnahmen den Rüstvorgang nachhaltig zu reduzieren, ist von entscheidender Bedeutung für die Umsetzung eines Fertigungskonzepts mit deutlich geringeren Durchlaufzeiten und Materialbeständen.

Die Flexibilisierung einer Fertigung ist entscheidend vom Erfolg bei der Rüstzeitreduzierung abhängig. Die Erfolge bei der Rüstzeitverringerung müssen zwangsläufig zur Reduzierung der Bestände in der Produktion und im Lager führen.

Simultaneous Engineering

Hintergrund

Dynamische Märkte und ein verstärktes Wettbewerbsumfeld sorgen dafür, dass Unternehmen immer mehr unter Druck geraten, in immer kürzer werdenden Abständen neue und qualitativ bessere Produkte auf den Markt zu bringen als die Konkurrenz. In diesem Zusammenhang rücken Konzepte zur Entwicklungszeitverkürzung unter Berücksichtigung von Kosten und Qualität des Produktes immer mehr in den Blickpunkt, d. h., die Steigerung der Effizienz im Produktentstehungsprozess wurde als „Schlüssel zum Erhalt der Wettbewerbsfähigkeit" (Eversheim 1995, S. 1) erkannt. Ein Konzept zur Entwicklungszeitverkürzung ist besonders hervorzuheben: *Simultaneous Engineering*. Hiermit ist „zweifellos das innovativste organisatorische Integrationskonzept der letzten Jahre geschaffen worden" (Eversheim 1995, S. 137), mit dem eine „schnelle Umsetzung von Marktbedürfnissen in qualitativ hochwertige Produkte zu marktgerechten Preisen" (Eversheim 1995, S. 9) umgesetzt wird. „Dabei sollte die Qualität auf den Kunden bzw. den angestrebten Zielmarkt mit dessen speziellen Anforderungen ausgerichtet sein, da die Orientierung am Kundenwunsch die wichtigste Voraussetzung für den Markterfolg neuer Produkte ist" (Eversheim 1995, S. 9).

Konzept

„Simultaneous Engineering, auch als *Concurrent Engineering* bezeichnet, ist die überlappende, also nahezu simultane Bearbeitung von Aufgaben durch interdisziplinäre Arbeitsgruppen. Dabei werden insbesondere im Stadium der Entwicklung, Konstruktion und Fertigungsplanung die einzelnen Ingenieurstätigkeiten durch organisatorische und technologische Maßnahmen parallelisiert" (Kamiske, Brauer 2003, S. 283). Der Einsatz von Simultaneous Engineering kann erheblich dazu beitragen, dass Produktentwicklungszeiten verkürzt, Kosten gesenkt und die Produktqualität verbessert werden können, indem Prozesse standardisiert, parallelisiert und integriert werden. Die Standardisierung, Parallelisierung und Integration „geben die Richtung zur Gestaltung des Produktentstehungsprozesses vor und ermöglichen eine Auswahl geeigneter Maßnahmen" (Bullinger, Warnecke 1996, S. 550).

Standardisierung

„Standardisierung von Prozessen bedeutet eine dauerhafte und von einzelnen Personen und Ereignissen unabhängige Beschreibung und Regelung verschiedener Aspekte im Produktentstehungsprozess. Standardisierung bezieht sich dabei auf:

- Technisch-strukturelle Aspekte (Module, Bauelemente, Komponenten etc.)
- prozessorientierte Aspekte (Phasen, Ablauforganisation etc.)
- Aufbauorganisatorische Aspekte (Schnittstellen zwischen Abteilungen, Projekten etc.)“ (Bullinger, Warnecke 1996, S. 550)

Sie gilt als unerlässliche Basis für die Parallelisierung und Integration, um eine Transparenz und Stabilität der Prozesse zu erreichen. Die Standardisierung sorgt für mehr Zeit, um sich innovativen und kreativen Aufgaben widmen zu können, und einen Zeitgewinn des Managements bei unvorhersehbaren Ereignissen.

Parallelisierung

Prozesse, die vormals bei der Produkt- und Prozessgestaltung streng sequentiell abliefen, werden parallelisiert, d. h., „Prozesse, die untereinander Abhängigkeiten besitzen, werden bereits begonnen, bevor der Vorgängerprozess abgeschlossen ist. Ein zeitlich vorgezogener Beginn des Nachfolgeprozesses ist möglich, da bereits kurz nach Prozessbeginn die ersten Informationen zur Verfügung stehen, um die nachfolgenden Prozesse starten zu können“ (Bullinger, Warnecke 1996, S. 550). Voneinander unabhängige Prozesse werden zeitgleich durchgeführt. Die Parallelisierung macht es möglich, Zeitpuffer im Produktentstehungsprozess zu reduzieren, wenn nicht sogar ganz zu vermeiden. Zeit- und kostenintensive Änderungen in der späteren Realisierungsphase können weitgehend vermieden werden.

Integration

An der Produktentstehung sind neben dem Bereich Forschung und Entwicklung auch noch weitere Unternehmensbereiche beteiligt. Dies kann dazu führen, dass es an den Schnittstellen durch nicht abgestimmte Zeitpläne, unterschiedliche Interpretationen der Aufgabenstellung und Unkenntnis von Anforderungen interner Kunden- und Lieferantenbeziehungen zu Reibungsverlusten kommt. „Die Integration durch direkte Einbindung in den Produktentstehungsprozess bietet eine Möglichkeit zur Überwindung der Reibungsverluste an Schnittstellen. Interdisziplinäres Arbeiten, prozessorientiertes Denken und Handeln zur Erreichung des Gesamtzieles sowie Kreativität und Entscheidungsfreude fördern die Integration im Produktentstehungsprozess“ (Bullinger, Warnecke 1996, S. 552). Es müssen konsistente Informationen über Ergebnisse, Termine, Aufwände, Kosten etc. sichergestellt sein. „Ziel dieser Integration ist somit die Transformation von trennenden Schnittstellen in verbindende Nahtstellen. Sie liefert das gemeinsame Verständnis, das für die veränderten Aufgabenstrukturen im Sinne der Parallelisierung und Standardisierung notwendig ist“ (Bullinger, Warnecke 1996, S. 552) und sichert somit die Qualität und schafft Synergien.

Bewertung

Ein Simultaneous-Engineering-Prozess sollte so ausgerichtet sein, dass sich die Marktveränderungen vollständig im Planungsprozess niederschlagen. Daher erscheint es auch sinnvoll, bedeutende Lieferanten und ihr spezifisches Produkt-Know-how früh und vollständig zu integrieren.

Die Implementierung von Simultaneous Engineering zieht mitunter tiefgreifende Veränderungen organisatorischer Strukturen und Prozesse nach sich, in deren Verlauf entsprechende Methoden und Tools eingeführt und angepasst werden. Problematisch wird es dann, wenn z. B. „auf eine bereits bestehende Infrastruktur (z. B. CAD, Netzwerke) Rücksicht genommen werden“ (Bullinger, Warnecke 1996, S. 562) muss.

„Aufgrund der Komplexität des Vorhabens, die durch das eng vernetzte Zusammenwirken von prozessualen, strukturellen und methodischen Elementen des Produktentstehungsprozesses bedingt ist, kann der Implementierungsprozess nicht vorab detailliert geplant werden. Vielmehr muss die Fähigkeit gestärkt werden, auf Basis der Vision über den zukünftigen Produktentstehungsprozess eine sorgfältige Handhabung von Details bewerkstelligen zu können“ (Bullinger, Warnecke 1996, S. 562). Nach jedem einzelnen Schritt der Implementierung sollte ein Review durchgeführt werden, um zu überprüfen, ob die Kundenbedürfnisse bis dahin immer noch eingehalten werden.

Der Erfolg der Einführung von Simultaneous Engineering hängt insbesondere davon ab, inwiefern das Management eines Unternehmens von diesem Konzept überzeugt ist. „Das Management selbst muss an die Vision von Simultaneous Engineering glauben, diese verkörpern und durch eigenes Handeln leben“ (Bullinger, Warnecke 1996, S. 563). Das Management muss klare Entscheidungen hinsichtlich Zielsetzung und Einführung treffen und sich des Leistungspotenzials, der Chancen sowie Risiken hinreichend bewusst sein. Die Betroffenen sollten gezielt informiert und intensiv einbezogen werden, um potenzielle Vorbehalte gegen dieses Konzept abzubauen bzw. erst gar nicht entstehen zu lassen. Für den Erfolg dieses Konzeptes ist es entscheidend, dass ein tief greifendes Verständnis für den Produktentstehungsprozess und dessen Zusammenhänge vorhanden ist.

Six Sigma

Hintergrund

Six Sigma als „Symbol für hohe Qualitätsfähigkeit von Geschäftsprozessen" (Kamiske, Brauer 2003, S. 276) wurde von dem US-amerikanischen Unternehmen Motorola entwickelt und stellt eine das gesamte Unternehmen umfassende Methode des Qualitätsmanagements dar, um möglichst fehlerfreie Prozesse zu erreichen. „Damit ist Six Sigma gleichzeitig Synonym für den *Total-Quality-Ansatz* dieses Unternehmens geworden, der ursprünglich 1987 unter der Bezeichnung Total Customer Satisfaction mit dem Ziel der *0-Fehler-Produktion* gestartet wurde" (Kamiske, Brauer 2003, S. 276).

Der Grund für diese Entwicklung war der hohe Wettbewerbsdruck, den japanische Unternehmen in den 80er Jahren auf Motorola ausübten. Der bis dahin angesetzte Qualitätsmaßstab erwies sich als unzureichend, um sich gegenüber der japanischen Konkurrenz behaupten zu können. So sah sich Motorola gezwungen, durch tief greifende Veränderungen im Unternehmen die Qualität der Produkte und die Prozessleistung um ein Vielfaches zu verbessern, um die Kundenzufriedenheit wieder zu erlangen und dabei auch noch Kosten zu reduzieren. Ein Qualitätslevel auf Six-Sigma-Niveau gilt in vielen Fällen heutzutage als Referenzpunkt für eine 0-Fehler-Produktion.

Die statistischen Grundlagen eines Six-Sigma-Prozesses basieren auf folgenden Überlegungen (Kamiske, Brauer 2003, S. 277 f.):

- Unternehmensweites Ziel der vollständigen Kundenzufriedenheit (Total Customer Satisfaction)
- Allgemeingültige und für das gesamte Unternehmen gleiche Messgröße für Qualität
- Auf der Messgröße für Qualität basierende, identische Verbesserungsziele für alle Unternehmensbereiche
- Zielorientierte Anreizmechanismen für sämtliche Mitarbeiter
- Koordiniertes Training zur Zielerreichung
- Six Sigma für sämtliche Prozesse

Konzept

Six-Sigma-Qualität bedeutet die Entwicklung von Produkten und Prozessen, die ein Minimum an Abweichungen vom Zielwert, also Fehler, ermöglichen (Kamiske, Brauer 2003, S. 276). Daher steht zunächst die Frage im Vordergrund, warum Fehler überhaupt entstehen. Bei näherer Betrachtung stellt sich heraus, dass die so genannte Streuung der Prozessgüte als eine besonders wichtige Ursache für Fehler anzusehen ist. Daher sollte ihre Messung und Analyse unbedingt durchgeführt werden. Die dazugehörige Maßgröße ist die Standardabweichung σ. Die als in der Regel zulässig anzusehende Standardabweichung bei einer Normalverteilung beträgt $\pm 3\sigma$, d. h., 99,73 % der Prozessergebnisse, wie z. B. gefertigte Teile, sind fehlerfrei. Entsprechend liegt die Fehlerrate in diesem Fall bei 0,27 %. „Da jedoch die meisten Produkte aus diversen einzelnen Bauteilen bestehen und außerdem in mehreren Prozessen bzw. Prozessschritten gefertigt werden, reicht eine zulässige Streuung von $\pm 3\sigma$ nicht aus, um eine nahezu fehlerfreie Produktion sicherzustellen“ (Kamiske, Brauer 2003, S. 276). Darüber hinaus hat es sich gezeigt, „dass real ablaufende Prozesse in der Regel nicht exakt auf den Nullpunkt der Verteilung (Mittelwert $\mu = 0$) zentriert sind“ (Kamiske, Brauer 2003, S. 277), sondern es im Laufe der Zeit zu einer Verschiebung kommt, die im Durchschnitt bei $\pm 1{,}5\sigma$ liegt. „Damit ergibt sich ein Streubereich von $\pm 6\sigma$ für den anzustrebenden Prozess: Six-Sigma-Qualität. In diesen Bereich fallen 99,99960 % aller Prozessergebnisse, was einer Fehlerrate von 0,0000034 % oder 3,4 ppm (Parts per Million) entspricht“ (Kamiske, Brauer 2003, S. 277).

Um Prozesse in Richtung Six Sigma zu verbessern, entwickelte Motorola eine standardisierte Implementierungsstrategie zur Einführung des *Six-Sigma-Managementkonzepts*, die „Sechs Schritte zu Six Sigma“, wobei nicht nur der Fertigungs-, sondern auch der Verwaltungsbereich berücksichtigt wird (Kamiske, Brauer 2003, S. 278).

Fertigungsbereich

1. Physische und funktionale Kundenwünsche identifizieren
2. Merkmale und Produkte festlegen
3. Für jedes Merkmal festlegen, ob es durch Teile, durch den Prozess oder beide bestimmt wird
4. Maximal zulässigen Toleranzbereich für jedes Merkmal bestimmen
5. Prozesssteuerung für jedes Merkmal festlegen
6. Fertigungsprozess erst beginnen, wenn ein Prozessfähigkeitsindex von $c_p \geq 1{,}67$ erreicht ist

Verwaltungsbereich

1. Produkt im Sinne des Arbeitsprozesses identifizieren
2. Kunden identifizieren.
3. Material und Zulieferer für den Arbeitsprozess ermitteln
4. Prozess visualisieren
5. Prozess fehlerfrei gestalten und Ausfälle eliminieren
6. Einführen von Messgrößen für Qualität und Bearbeitungszeit sowie von Verbesserungszielen

Bewertung

Das Six-Sigma-Konzept beruht auf der Annahme, dass verbesserte Prozesse zu einer höheren Produktqualität führen. Daraus kann der Schluss gezogen werden, dass die Umsetzung dieses Konzeptes zu einer Reduktion der Qualitätskosten führen kann, da die Kosten, die durch Reklamations- und Nachbearbeitung entstehen, bei verbesserter Qualität sinken.

Zwischen Six Sigma und der Philosophie der *Schlanken Produktion* bestehen zahlreiche Querverbindungen. Dies zeigt sich insbesondere in der hohen Übereinstimmung der eingesetzten Tools zur Steigerung der Qualität, wie beispielsweise Ursache-, Wirkungsdiagramme, *FMEA* oder *QFD*. Während Six Sigma einen mathematisch basierten Ansatz verfolgt, der auch als Messgröße für das zu erzielende Qualitätsniveau dient und gleichzeitig Name des Programms ist, liefert es konzeptionell allenfalls ansatzweise Beiträge zur Umsetzung verschwendungsfreien Arbeitens, wie die Philosophie der Schlanken Produktion.

Statistical Process Control (SPC)

Hintergrund

In einem Produktionsprozess kann eine Reihe von Störungen auftreten, die die Produktqualität beeinträchtigen. Dazu zählen z. B. der Werkzeugverschleiß, Maschinenschwingungen,

Qualitätsschwankungen der Werkstoffe oder Schwankungen in der Hallentemperatur. Die *Statistische Prozessregelung* unterstützt nun maßgeblich das Aufdecken von Störungen in einem Fertigungsprozess „mit dem Ziel der Fehlervermeidung und der kontinuierlichen Verbesserung (...) durch Stichprobenprüfungen, statistische Auswertung der Ergebnisse und anschließende Regelung der Prozessparameter“, um „eine qualitätsgeführte Produktion im Sinne einer fertigungsintegrierten Qualitätssicherung“ (Kamiske, Brauer 2003, S. 307) zu erreichen.

Konzept

„Die Statistische Prozessregelung (*SPC = Statistical Process Control*) ist ein auf mathematisch-statistischen Grundlagen basierendes Instrument, um einen bereits optimierten Prozess durch kontinuierliche Beobachtung und ggf. Korrekturen auch in diesem optimierten Zustand zu erhalten“ (Kamiske, Brauer 2003, S. 298) und wurde zu Beginn der 30er Jahre von dem Amerikaner Shewart entwickelt.

„Für die tatsächliche Anwendung der Statistischen Prozessregelung müssen (...) einige grundlegende Voraussetzungen erfüllt sein. Diese geben zugleich ein phasenorientiertes Ablaufkonzept für die Einführung der Statistischen Prozessregelung in der betrieblichen Praxis wieder“ (Kamiske, Brauer 2003, S. 302 ff.), das wie folgt aussieht:

1. Anforderungen im Vorfeld
2. Auswahl und Festlegung der charakteristischen Größen
3. Messgeräte- und Maschinenfähigkeit
4. Prozessfähigkeit
5. Prozessregelung

Anforderungen im Vorfeld

- Bereitschaft für eine Abkehr von der vergangenheitsorientierten Methode der Fehlersuche und anschließenden Fehlerkorrektur, stattdessen
- zukunftsorientierte, fehlervermeidende Vorgehensweise: Fertigungsprozesse sind so zu steuern, dass ständig einwandfreie Produkte erzeugt werden.
- Ein im Idealfall das gesamte Unternehmen umfassender tief greifender Wandel der Denkweise im Managementbereich.
- Konstituierung eines mit der Einführung beauftragten Teams sowie dessen Schulung und Einbindung in die Aufbau- und Ablauforganisation.

Auswahl und Festlegung der charakteristischen Größen

„Unter charakteristischen Größen werden (...) diejenigen Faktoren verstanden, die bei jeder Durchführung der Untersuchung im Vorfeld festzulegen sind. Dazu gehören die Auswahl des Werkstückes (kritisches Maß), des Prüfmittels (Eignung, Überwachung) und der Maschine (repräsentativ, übertragbar)" (Kamiske, Brauer 2003, S. 303).

Messgeräte- und Maschinenfähigkeit

- Messgerätefähigkeit:
  Ergebnisse, die aus der Anwendung der Statistischen Prozessregelung resultieren, werden mit Hilfe von Messwerten ausgewertet. Daher muss durch einen Nachweis der Messgerätefähigkeit sichergestellt werden, dass die verwendeten Geräte in der Lage sind, die Untersuchungen mit der geforderten Genauigkeit, Wiederholbarkeit und Vergleichbarkeit durchzuführen.
- Maschinenfähigkeit:
  „Die Maschinenfähigkeit ist ein Maß für die kurzzeitige Merkmalsstreuung, die von der Maschine ausgeht" (Kamiske, Brauer 2003, S. 303). Im Rahmen einer Maschinenfähigkeitsuntersuchung werden nur die Einflüsse auf den Fertigungsprozess betrachtet, die maschinenbedingt sind. Daher müssen die Randbedingungen und äußere Einflüsse konstant gehalten werden. Die Maschinenfähigkeit wird durch die beiden Indizes c_m und c_{mk} ausgedrückt. „Dabei berücksichtigt c_m nur die Streuung der Maschine, während c_{mk} zusätzlich noch die Lage des Mittelwertes innerhalb der Toleranz einbezieht und somit die Langzeit-Merkmalstreuung beschreibt" (Kamiske, Brauer 2003, S. 303).

Prozessfähigkeit

„Die Prozessfähigkeit ist ein Maß für die langfristige Merkmalsstreuung, die von Mensch, Maschine, Material, Methode und Arbeitsumgebung beeinflusst wird" (Kamiske, Brauer 2003, S. 305). Im Rahmen einer Prozessfähigkeitsuntersuchung soll sichergestellt werden, dass der betrachtete Fertigungsprozess langfristig die an ihn gestellten Qualitätsanforderungen erfüllen kann. Die Prozessfähigkeit wird durch die beiden Kennwerte c_p und c_{pk} ausgedrückt.

Prozessregelung

„Ziel der eigentlichen Prozessregelung ist es, einen optimierten, statistisch kontrollierten und damit qualitätsfähigen Prozess der laufenden Fertigung in diesem Zustand zu halten. Dazu wird der Prozess kontinuierlich mit Hilfe der Qualitätsregelkarten beobachtet, durch die Berechnung der Prozessfähigkeitsindizes (c_p und c_{pk}) bewertet und über geeignete Korrekturmaßnahmen im Sinne einer Fehlervermeidung geregelt" (Kamiske, Brauer 2003, S. 306).

„Im Rahmen der Anwendung statistischer Verfahren wird davon ausgegangen, dass sowohl bei der Herstellung als auch bei der anschließenden Vermessung von gefertigten Teilen Unterschiede bezüglich eines betrachteten Merkmals zu seinem Soll-Wert feststellbar sind" (Kamiske, Brauer 2003, S. 299), was als Streuung bezeichnet wird. Als wichtigste Maßgrößen einer Streuung gelten die Standardabweichung, die Spannweite sowie der Mittelwert.

Aber wie kommen die Abweichungen eines Merkmals zu seinem Soll-Wert, also eine Streuung überhaupt zustande? Ursachen für das Auftreten von Streuungen beruhen entweder auf zufälligen oder auf systematischen Einflüssen. „Zufallseinflüsse stellen die konstante Summe vieler kleiner Einzeleinflüsse dar. Sie sind ständig vorhanden, über die Zeit stabil und somit vorhersagbar. Andererseits sind systematische Einflüsse auf einen oder wenige große Haupteinflüsse zurückzuführen, die unregelmäßig auftreten und den Prozess instabil und damit nicht vorhersagbar machen" (Kamiske, Brauer 2003, S. 299).

Die Hauptaufgabe der SPC besteht nun darin, Prozesse im Hinblick auf ihre Streuung kontinuierlich zu untersuchen und die zufälligen und systematisch bedingten Streuungen voneinander zu unterscheiden. Bei der Durchführung dieser Untersuchungen werden Stichproben gezogen und die daraus resultierenden Ergebnisse in *Qualitätsregelkarten* eingetragen.

Bewertung

SPC ist keine Methode zur unmittelbaren Prozessverbesserung, „da lediglich kleinere Abweichungen ausgeregelt und Ansatzpunkte für eine Verbesserung aufgezeigt werden können" (Kamiske, Brauer 2003, S. 306). Es geht demnach nicht um das Erfassen und Aussortieren fehlerhafter Teile, sondern um das Aufdecken von Störungen im Fertigungsprozess. „Eine Qualitätsverbesserung wird (…) durch die Eliminierung von systematischen und die Reduzierung von zufälligen Einflüssen angestrebt. Sie ist jedoch nur durch eine systematische Ursachenanalyse und eine gezielte Veränderung von grundlegenden Prozessparametern zu realisieren" (Kamiske, Brauer 2003, S. 307). Die Untersuchung, bei der festgestellt werden soll, ob die Fähigkeit eines Prozesses vorhanden ist, das geforderte Qualitätsniveau eines Teils bzw. eines Produktes zu erzielen, sollte bereits vor Fertigungsbeginn durchgeführt werden, um unzulässige Abweichungen über bestimmte Toleranzwerte hinaus zu vermeiden. Darüber hinaus ist es ratsam, den Fertigungsprozess permanent zu überwachen, um bei Störungen rechtzeitig eingreifen zu können und so unnötigen Ausschuss zu verhindern.

Strategische Geschäftseinheit (SGE)

Hintergrund

Eine Strategische Geschäftseinheit ist ein Teilbereich eines Unternehmens, der in einem unternehmungsexternen Marktsegment unabhängig von anderen Teilgebieten der Unternehmung agieren kann. In der Betriebswirtschaftslehre spricht man auch von einer *Strategischen Geschäftseinheit (engl.: Strategic Business Uni, SBU).*

Strategische Geschäftseinheiten sind gedankliche Konstrukte, die voneinander abgegrenzte, heterogene Tätigkeitsfelder eines Unternehmens repräsentieren und eigenständige Marktaufgaben zu erfüllen haben.

Konzept

Strategische Geschäftseinheiten sollten:

- In ihrer Marktaufgabe eigenständig sein
- Sich von der Konkurrenz abheben können
- Eine bedeutende Marktstellung erreichen (können)
- In sich möglichst homogen und untereinander heterogen sein

Sie sind in der Lage, quasi als Unternehmen im Unternehmen Kunden- oder Produktsegmente eigenständig in ihrer ganzen Breite und Tiefe zu bearbeiten. Um im Markt erfolgreich zu sein, müssen alle SGE über relative Wettbewerbsvorteile (zentrales Kriterium) verfügen. Um innerhalb des Gesamtunternehmens den Erfolg einer SGE darstellen zu können, ist es notwendig, auch intern ein klar abgegrenztes Zahlenwerk (internes Rechnungswesen) aufzubauen und das Tätigkeitsgebiet klar von dem anderer Unternehmenseinheiten zu trennen. Insbesondere müssen die Kosten von strategischen Geschäftseinheiten entweder als Services auf die SGE verteilt oder als Kosten der führenden Unternehmensleitung verbucht werden.

Die Einrichtung von Strategischen Geschäftseinheiten ist in der Regel mit der Hoffnung auf effiziente interne Führung der Einheit und ein marktorientiertes Auftreten nach außen verbunden. Entsprechend muss die Leitung einer SGE mit Vollmachten ausgestattet sein, die es ihr erlaubt, in eigenem Ermessen die Aktionen der SGE auf dem Markt zu gestalten. Im Extremfall wird dies dadurch realisiert, dass die SGE als eigenständige Gesellschaften ausgegründet werden und im eigentlichen Unternehmen nur noch eine führende Holding verbleibt.

Bewertung

Kritiker bemängeln am Konzept der SGE, dass sie dem Unternehmen keinen Mehrwert brächten. Entweder sie seien deckungsgleich mit den Organisationseinheiten einer Spartenorganisation und somit nur eine Umbenennung der Divisionen oder aber sie würden als eigenständige Einheit über eine bereits bestehende Aufbauorganisation gelegt und damit eine faktische Matrixorganisation im Unternehmen mit allen damit verbundenen Problemen begründen.

Bezogen auf die Anforderungen einer flexiblen, kundennahen Produktion liefern strategische Geschäftseinheiten jedoch einige Vorteile. So können in diesen alle Ressourcen aufbauorganisatorisch zusammengefasst werden, die zur Erfüllung der Anforderungen einzelner Kunden oder Kundengruppen notwendig sind.

Längst haben Produzenten begonnen, ihre Produktion zu fragmentieren bzw. zu segmentieren; sie bilden u. a. so genannte *Small Factory Units* und verbinden somit erfolgreich den Gedanken der Strategischen Geschäftseinheit mit dem Konzept der Komplettfertigung in *Produktionsinseln*.

Supply Chain

Die Logistik umfasst inner- und überbetriebliche Materialflüsse sowie die dazugehörenden Informationsflüsse. In der klassischen Gliederung wird die Logistik in die Bereiche Produktions-, Beschaffungs- und Distributionslogistik eingeteilt. Die Informationslogistik stellt dabei als Bindeglied die unterstützende, rechtzeitige und adäquate Informationsversorgung sicher.

Überwiegende Aufgaben der Logistik sind Querschnittsfunktionen. Diese beinhalten die Bereitstellung

- der richtigen Güter sowie Informationen,
- in der richtigen Menge,
- am richtigen Ort,
- in der richtigen Qualität,
- zum richtigen Zeitpunkt und
- zu den richtigen Kosten.

Vor dem Hintergrund der Konzentration auf Kernkompetenzen reicht es nicht mehr aus, die Wertschöpfungsprozesse innerhalb des eigenen Unternehmens zu optimieren. Vielmehr geht es darum, unternehmensübergreifende Optima zu entwickeln. Produktivitäts- und Zeitpotenziale können nur noch dadurch erschlossen werden, dass Produzenten die gesamte Wertschöpfungskette (*Supply Chain*) gemeinsam managen (Thaler 1999, S. 43 ff.).

Die logistische Kette (Supply Chain) stellt dabei die Zusammenfassung einzelner Prozesse im Unternehmen und in seinem direkt mit der Leistungserstellung verbundenen Umfeld zu bereichsübergreifenden Organisations- und Informationseinheiten dar.

In der unternehmensbezogenen Sichtweise werden in der Supply Chain sämtliche Planungs-, Entwicklungs-, Beschaffungs-, Produktions- und Distributionsaufgaben vom Kundenkontakt bis zur Auslieferung angesprochen.

Die Planung, Steuerung und Koordination der Informationsflüsse der Materialflüsse, Informations- und Zahlungsströme ist ein zentraler Bestandteil des Supply Chain Management.

Die Supply Chain läuft im Unternehmen beschaffungsseitig über die Produktionsstufen bis hin zum Kunden. Von den Kunden aus ist die logistische Kette durch den Nachfrageeffekt, von der Lieferantenseite aus durch die Versorgungseffekte gekennzeichnet. Der Materialfluss umfasst alle physisch notwendigen Vorgänge und deren Verkettung zum Beschaffen, Transportieren, Fördern, Be- und Verarbeiten sowie bei der Lagerung, Verteilung oder Rücknahme von Gütern und Materialien (Thaler 1999, S. 44).

Der Informationsfluss umfasst in der Supply Chain alle Informationen zur Planung, Steuerung und Kontrolle von Materialflüssen, die Aufgabe der Informationslogistik sind.

Der Zahlungsfluss umfasst in der logistischen Kette alle finanziellen Transaktionen als Folge des Güter-, Waren- und Dienstleistungsverkehrs.

Die innerbetriebliche Sicht ist auf die für die Leistungserstellung notwendigen internen Prozesse gerichtet. Hierfür wird in der Praxis häufig der Begriff Interne Supply Chain verwendet. Das Zusammenwirken von Kunden, Lieferanten, Dienstleistern und anderen Externen bildet die überbetriebliche Sicht im Sinne eines erweiterten Unternehmens als externe Supply Chain.

Supply Chain Management (SCM)

Hintergrund

Während Unternehmen in der Vergangenheit insbesondere ihre Funktionen (Beschaffung, Produktion, Absatz etc.) optimiert haben, müssen zukünftig die horizontalen Netzwerke und die Geschäftsprozesse besser aufeinander abgestimmt werden, um niedrigere Kosten, kürzere Durchlaufzeiten und bessere Produkt- und Servicequalitäten zu erreichen. Viele dieser Geschäftsprozesse erstrecken sich entlang der logistischen Wertschöpfungskette, deren optimale Gestaltung im heutigen Wettbewerb immer mehr an Bedeutung gewinnt und oft den Schlüssel zum Unternehmenserfolg darstellt.

Die logistische Wertschöpfungskette (*Supply Chain*) stellt ein Netzwerk von Organisationseinheiten dar, die verschiedenen Kernprozessen folgend miteinander in beiden Richtungen verknüpft sind und die zu einem Leistungsergebnis (Produkt, Service) führen.

Konzept

Die Aufgaben des *Supply Chain Managements* können in strategische Gestaltungsaufgaben und operative Lenkungsaufgaben für die Versorgungskette unterteilt werden.

Unter SCM kann man die Planung, Steuerung und Kontrolle des gesamten Material- und Dienstleistungsflusses verstehen, einschließlich der damit verbundenen Informations- und Geldflüsse. Dies findet innerhalb eines Netzwerks von Unternehmungen und deren Bereichen statt, die im Rahmen von aufeinander folgenden Stufen der Wertschöpfungskette an der Entwicklung, Erstellung und Verwertung von Sachgütern bzw. Dienstleistungen partnerschaftlich zusammenarbeiten, um Effektivitäts- und Effizienzsteigerungen zu erreichen (Wildemann 2000, S. 12).

Supply Chain Management führt zu einer übergreifenden Prozessverbesserung, da Kunden, Lieferanten und weitere Dienstleister in der logistischen Kette einbezogen werden. Es wird vom eigenen Unternehmen ausgehend versucht, durchgängige und übergreifende Prozesse zu realisieren.

Über die wesentlichen Stufen von der Prozessentstehung über die Produktion bis hin zur Wiederverwertung sind im Produktlebenszyklus ständige Änderungen und Verbesserungen durchzuführen, die einen dauerhaften Erfolg am Markt erst möglich machen. Durch die Gestaltung übergreifender Prozesse können inner- und zwischenbetriebliche Grenzen überwunden und Informations-, Material- sowie Zahlungsströme optimiert werden. Unternehmen verfolgen dabei häufig folgende Ziele:

- Schaffen von größerer Transparenz, z. B. bzgl. Angebots-, Liefer- oder Versorgungssituationen einzelner Stufen
- Bestandsabbau, z. B. Schaffung gemeinsamer Versorgungs- und Lagerstrukturen
- Reduzierung der Prozess- und Durchlaufzeiten, z. B. durch elektronische Geschäftsabwicklung
- Höhere Flexibilität, z. B. durch frühzeitige Information über Nachfrageveränderungen
- Höhere Produktivität, z. B. durch Mengen- und Bedarfsbündelung
- Bessere Auslastung, z. B. durch rechtzeitige Anpassung von Produktions- und Herstellkapazitäten (vgl. Hahn 1999, S. 401 f.)

Bewertung

Die Begriffe Logistik und Supply Chain Management werden nicht selten synonym verwendet. SCM und Logistik zielen gemeinsam auf die Gestaltung der Objektflüsse entlang der Prozessstufen der Lieferkette ab. Während die Logistik jedoch die Objektflüsse weitgehend unabhängig betrachtet hat, bezieht SCM die Strukturierung und Koordination autonom agierender unternehmerischer Einheiten in ein Wertschöpfungssystem explizit in die Analyse ein. SCM betont somit in die Abgrenzung zur Logistik den interorganisationalen Aspekt der logistischen Managementaufgabe.

SCM setzt neben dem Einsatz der richtigen Methoden etwas Entscheidendes voraus: den Willen zur Kooperation und zur Schaffung von *Win-Win-Situationen*. Hier wird die betriebliche Praxis den selbstgesteckten Zielen oftmals nicht gerecht: Zum einen erschöpfen sich die SCM-Aktivitäten nicht selten in der Gestaltung der Schnittstelle zwischen Produzent und dessen Lieferanten (in den wenigsten Fällen werden Wertschöpfungsketten weiter stromaufwärts gestaltet), zum anderen zeigt sich häufig, dass unter dem Etikett von SCM Pflichten und Risiken einseitig von Abnehmern in Richtung der Lieferanten verlagert werden.

Taktzeit

Hintergrund

Der Markt ist der letztgelagerte Prozess der *Supply Chain*. Demzufolge ist die anzustrebende Form der *Schlanken Produktion*, exakt den Bedürfnissen des Marktes zu entsprechen, der somit die *Taktzeit* für die Produktion vorgibt. Diese Taktzeit ist die Zeitbasis für alle Aktivitäten im Unternehmen und bestimmt den Zeitrahmen für den Materialstrom und alle damit zusammenhängenden Aktionen.

Konzept

Eine kundennahe Produktion setzt u. a. eine Produktion der Teile innerhalb der Taktzeit voraus. Die Taktzeit ist somit das Maß aller Dinge für den Produktionsfluss. Diesen Takt gilt es in der gesamten Produktion, unter Beibehaltung der Variantenvielfalt, zur Aufrechterhaltung des Produktionsflusses einzuhalten.

„Die Taktzeit ist der vom nachgelagerten Prozess (Kunde) vorgegebene Zeitrahmen, der für die Produktion eines Teils zur Verfügung steht" (Takeda 2004, S. 109) und berechnet sich im Grundsatz wie folgt:

$$\frac{\textit{Tägliche Nettoarbeitszeit}}{\textit{Verkaufsstückzahl je Arbeitstag}} = \textit{Taktzeit}\ (\text{sec.})$$

Die Taktzeit kann aufgrund ihrer Definition von Tag zu Tag variieren, wird aber in der Regel über einen größeren Zeitraum (Woche, Monat) festgelegt. Für die Produktion ist es von entscheidender Bedeutung, die Taktzeit flächendeckend an allen Linien umzusetzen, da damit die Fertigung mit den Kundenbedürfnissen synchron läuft. Die Taktzeit ist nicht mit der Zykluszeit zu verwechseln.

Die Zykluszeit ist jene Zeitspanne in Sekunden zwischen der Fertigstellung eines Teils und der Fertigstellung des nächsten Teils (vgl. Takeda 2004, S. 109 f.).

Im Idealfall sind Taktzeit und Zykluszeit identisch, sofern es sich um eine Ein-Stück-Produktion handelt. Die Zykluszeit zu minimieren ist ein wichtiges Ziel von Kaizen. Zur Umsetzung der Taktzeit in der Produktion werden von Takeda folgende Schritte für die Umsetzung empfohlen:

Die Taktzeit muss an der Linie in Sekunden angezeigt werden. Als Linie wird eine verkettete Anlage verstanden, die vorzugsweise in U-Form aufgestellt ist und in der mehrere Mitarbeiter wertschöpfend arbeiten. Es ist wichtig, die Taktzeit am Kopf der Linie ständig anzuzeigen. Alle Mitarbeiter müssen darüber aufgeklärt werden, dass es die Aufgabe der jeweiligen Bearbeitungsstation ist, genau in Taktzeit zu produzieren.

Mittels *Kaizen*-Maßnahmen werden kontinuierlich Verbesserungen durchgeführt und damit nach und nach die Verschwendung eliminiert. Kaizen hat hier die Aufgabe, Muda in dem momentanen Ist-Zustand aufzudecken und entsprechende Maßnahmen zu entwickeln und umzusetzen. Dieser neue Zustand wird dann nach der Umsetzung als Standard festgehalten und dokumentiert. Auf Basis dieses Standards gilt es, ganz im Sinne von Kaizen, weiteres *Muda* zu entdecken und zu eliminieren.

In diesem Zusammenhang spielt der Schrittmacher eine wichtige Rolle – er ist ein Werkzeug, mit dem die Taktzeit sichtbar gemacht wird.

Hilfsmittel, die als Schrittmacher verwendet werden können, sind z. B. Leuchtanzeigen, Anzeigetafeln für Produktionsziffern (vgl. Takeda 2004, S. 113).

Wird die Taktzeit nicht erreicht, so wird dies durch optische oder akustische Signale angezeigt und hat so lange die Einleitung weiterer Kaizen-Maßnahmen zur Folge bis die Taktzeit erreicht wird. Der Schrittmacher ist eine Methode, die darauf abzielt, dass die Mitarbeiter einer Linie in rhythmischer Wiederholung unter Einhaltung der festgelegten Taktzeit ihre festgelegte Arbeitsaufgabe erfüllen. Die Abläufe sind hierzu soweit standardisiert, dass sie gleichzeitig aus festgelegten Positionen heraus mit der Arbeit beginnen bzw. enden.

Jede Unterbrechung im System ist ein Zeichen dafür, dass noch nicht alle Verschwendungspotenziale einer Linie eliminiert wurden. So wie die einzelne Linie durch einen konsequenten Verbesserungsprozess zum getakteten Produzieren angeleitet wird, so geschieht dieses letztendlich Schritt für Schritt in der gesamten Produktion. Erst dann kann man von einem Produktionsfluss sprechen.

Durch die Reduzierung der Verschwendung wird Personal freigesetzt. Es wird zunächst der fähigste Mitarbeiter aus der Linie entfernt. Dieser Mitarbeiter steht noch einen Monat lang an der Linie, um bei den weiteren Kaizen-Maßnahmen mitzuwirken (vgl. Takeda 2004, S. 114).

Die Taktzeit wird, wie erwähnt, für eine bestimmte Periode festgelegt und die verkaufte Menge gleichmäßig über die Periode in Tagesmengen eingeteilt (Nivellieren). Die Tagesmengen werden wiederum den Fertigungslinien zugeteilt und einzeln in Auftrag gegeben. Schwankende Auftragseingänge werden so für die Produktion nivelliert, können aber zu schwankenden Taktzeiten führen. Für die Fertigungslinien wird daraufhin der Arbeitsinhalt gemäß der Taktzeit auf die entsprechende Anzahl von Mitarbeitern verteilt. Hieraus ergibt sich ein flexibler Personaleinsatz an den Fertigungslinien.

Bewertung

Die Produktion in Taktzeit ist die notwendige Voraussetzung für eine kundennahe und gleichzeitig bestandsarme Produktion. Dies erfordert oftmals eine Senkung der Zykluszeiten (Reduzieren). Darüber hinaus sind in einer Schlanken Produktion die Prozesse so zu gestalten, dass über alle Schritte gesehen die benötigten Zeiten gleich sind (Harmonisieren) und diese keinen Schwankungen unterliegen (Stabilisieren).

Target Costing

Hintergrund

Target Costing (Zielkostenrechnung) ist ein Instrument des strategischen Kostenmanagements, das im Jahr 1965 vom japanischen Automobilhersteller Toyota entwickelt wurde und seit den 70er Jahren in Japan Anwendung findet. Erst gegen Ende der 80er Jahre gelangte die Idee und Methodik des Target Costings über die USA nach Deutschland.

In der traditionellen Kostenrechnung bilden die im Leistungserstellungsprozess eines Produktes entstandenen Kosten die Grundlage für die Preisgestaltung des Produktes. Diese Vorgehensweise kann in wettbewerbsintensiven Märkten, die durch einen hohen Preis- und Kostendruck gekennzeichnet sind, dazu führen, dass der über die Kosten ermittelte Preis zu Lasten der anvisierten Gewinnspanne reduziert werden muss. Mit dem Target-Costing-Ansatz wurde ein Instrumentarium entwickelt, das diese Problematik umgehen soll.

Das Target-Costing-Konzept zeichnet sich durch seine marktorientierte Zielkostenermittlung unter Einbeziehung von Kundenpräferenzen bezüglich eines Produktes aus und wird vor allem bereits in den frühen Phasen der Produktentwicklung eingesetzt. Im Gegensatz zu herkömmlichen Kostenrechnungssystemen steht beim Target Costing nicht die Frage *Was wird ein Produkt kosten?* im Vordergrund, sondern vielmehr *Was darf ein Produkt kosten, das den Kundenwünschen entspricht?*

Target Costing findet vor allem in den Branchen Anwendung, die durch eine immer stärker werdende Wettbewerbsintensität mit immer kürzer werdenden Produktlebenszyklen geprägt sind, wie z. B. der Automobilindustrie. Es stellt ein Instrumentarium dar, das Unternehmen helfen kann, sich auf entsprechenden Märkten zu behaupten, indem sie ihre Produkte so konzipieren, dass sie sowohl den Markt- als auch den Kundenanforderungen entsprechen.

Konzept

Um die Frage Was darf ein Produkt kosten, das den Kundenwünschen entspricht? zu beantworten, wird mit Hilfe von Marktforschungsinstrumenten (z. B. *Conjoint-Analyse*) herausgefunden, welcher Marktpreis für ein neues Produkt realisiert werden kann (*Target Price*). Aus dem so ermittelten Marktpreis werden die vom Markt erlaubten Kosten (*Allowable Costs*) abgeleitet, indem die anvisierte Umsatzrendite vom Marktpreis abgezogen wird. Neben der Ermittlung der Allowable Costs gilt es auch herauszufinden, über welche Merkmale bzw. Funktionen das neue Produkt nach Ansicht potenzieller Kunden verfügen sollte und wie wichtig diese im Einzelnen sind.

Im Anschluss daran werden die kundenbezogenen Produktmerkmale bzw. Leistungsanforderungen den einzelnen Hauptkomponenten (bzw. Produktkomponenten) des Fahrzeugs oder der einzelnen Teilkomponenten der Produktkomponenten zugeordnet und in einer Funktionsmatrix abgebildet. Die Funktionsmatrix zeigt auf, in welchem prozentualen Umfang die jeweiligen Komponenten zur Erfüllung der Produktmerkmale beitragen.

„Verbindet man die Präferenzrelation der Kunden mit der Zuordnung von Leistungsanforderungen zu Produktkomponenten, so kann man den Beitrag jeder Komponente zur Erzielung von Kundennutzen errechnen und hat damit die benötigten Werte zur Zuordnung von Kostenbudgets“ (Weber 1999, S. 90), d. h. es wird der Komponentennutzen ermittelt. Aus dem Anteilswert des Komponentennutzens ergeben sich die so genannten Allowable Costs, die erlaubten Kosten der entsprechenden Komponente. Demgegenüber stehen aber die tatsächlichen Kosten, die sich aus der momentanen Produktionstätigkeit heraus für die einzelnen Komponenten ergeben würden, genannt Drifting Costs.

In der Regel weichen Allowable Costs und *Drifting Costs* voneinander ab, d. h., es entsteht eine Kostenlücke. Es ist nun zu überprüfen, ob sich diese Abweichungen noch in einem annehmbaren Rahmen bewegen oder nicht. Das so genannte Zielkostenkontrolldiagramm stellt für diesen Zweck ein probates Hilfsmittel dar, auf das an dieser Stelle allerdings nicht näher eingegangen werden soll. Allgemein kann aber gesagt werden, dass es sinnvoll ist, „bei weniger wichtigen Hauptgruppen eine größere relative Abweichung zuzulassen als bei den bedeutenden Hauptgruppen, weil bei den unbedeutenden die absoluten Kostenabweichungen nicht so groß werden“ (Horváth 1994, S. 484). Sind die Drifting Costs zu hoch, also nicht mehr annehmbar, so sollte nach Einsparungsmaßnahmen gesucht werden. Liegen bei einer Komponente die Allowable Costs deutlich über den Drifting Costs, so besteht die Möglichkeit, diese Komponente für den Kunden noch attraktiver zu gestalten. Im Falle einer annehmbaren Kostenlücke werden die Allowable Costs und Drifting Costs gegeneinander austariert und die Zielkosten (Target Costs) ermittelt, „wobei es bei den heute hart umkämpften Märkten üblich ist, die Zielkosten mit den erlaubten Kosten gleichzusetzen“ (Horváth 1994, S. 480). Die Aufgabe aller an der Wertschöpfungskette beteiligten Unternehmensbereiche besteht nun darin, bei ihren Aktivitäten darauf zu achten, dass die Zielkosten nicht überschritten werden.

Bewertung

In Zeiten der Verschärfung des Wettbewerbs kann das Target Costing für ein Unternehmen ein hilfreiches Instrumentarium sein, um ein wettbewerbsfähiges neues Produkt auf den Markt zu bringen. Dieses Konzept ist gekennzeichnet durch seine konsequente Ausrichtung an Markt- bzw. Kundenanforderungen. Dazu ist eine enge Zusammenarbeit bzw. eine sehr gute Kommunikationsbasis aller am Wertschöpfungsprozess eines Produktes beteiligten Unternehmensbereiche (Marketing, Forschung & Entwicklung, Konstruktion, Einkauf, Produktion, Controlling) unbedingt erforderlich, denn: „Am Ende sollte ein Produktkonzept vorliegen, das über die von den Kunden gewünschten Leistungsmerkmale verfügt und gleichzeitig zu den Kosten hergestellt werden kann, die unter marktlichen und wettbewerblichen Gegebenheiten entstehen dürfen (Target Costs)“ (Fischer 1993, S. 152). Für die Einhaltung der Zielkosten sind alle beteiligten Unternehmensbereiche verantwortlich.

Des Weiteren sollte Target Costing möglichst früh in die Produktentwicklung einbezogen werden, „um die Produktkosten rechtzeitig im Hinblick auf die Erfordernisse von Markt und Wettbewerb gestalten zu können“ (Fischer 1993, S. 151).

Taylorismus

Hintergrund

Der Begriff *Taylorismus* wird heute für eine Reihe von Entwicklungen verwendet, die ihren Anfang um die Jahrhundertwende nahmen und stark in die Gegenwart wirken. Wer an Talorismus denkt, verbindet dies mit Arbeitsteilung. Management bedeutete in diesem Zusammenhang, die ausführenden Arbeiten minutiös zu planen und die Mitarbeiter zu kontrollieren. Mitarbeiter wurden entsprechend ihrer Leistung belohnt oder bestraft.

Der wissenschaftliche Ansatz des Taylorismus basiert auf einer gründlichen Untersuchung und Beschreibung der Art und Weise, wie eine Aufgabe am besten zu verrichten ist, und hat damit in diesem Teil bis heute seine Bedeutung (vgl. Spath 2003, S. 187 ff.).

Konzept

Benannt ist das Konzept nach dem US-amerikanischen Erfinder und Ingenieur Frederick Winslow Taylor (1856-1917), der jeden einzelnen Aspekt des Produktionsprozesses zu durchleuchten versuchte. Dabei optimierte er Verfahren, gestaltete für die entsprechende Aufgabe das richtige Werkzeug und setzte den idealen Mitarbeiter für die passende Tätigkeit ein. Die Erkenntnisse, die er aus seinen Methoden gewann, übertrug er bei der Neuplanung von Arbeitsplätzen und Produktionsanlagen.

Für Taylor bedeutete die Optimierung der Produktion, dass die immer gleichen Tätigkeiten systematisch aneinandergereiht werden.

Dieses Ziel wollte er durch die Trennung zwischen Hand- und Kopfarbeit erreichen. Aus dem Prinzip der Ausgliederung von planenden, steuernden und kontrollierenden Aufgaben entstand die Zweiteilung des Industrieunternehmens in den Produktions- und Verwaltungsbereich und damit die Zweiteilung der Belegschaft in Arbeiter und Angestellte, in *Blue-Collar-* und *White-Collar-Arbeitswelten.*

Er meinte, dass gewöhnliche Arbeiter bei der Ausführung ihrer Arbeit nicht denken sollten, und wollte dies durch die Trennung zwischen Hand- und Kopfarbeit erreichen.

Taylor leitete die Produktion mittels einer stark autoritär ausgerichteten Führung. Arbeiter sollten nur einfache Tätigkeiten unter optimaler Belastung und optimalen Arbeitsabläufen ausführen. Anhand von Experimenten wurden optimale Werkzeuge, Belastungen und Arbeitsabläufe ermittelt und als Standard festgelegt.

Taylorismus steht für:

- Die personelle Trennung von dispositiver und ausführender Arbeit
- Die Konzentration der Arbeitsmethodik auf eine weitestgehende Arbeitszerlegung nach dem Verrichtungsprinzip
- Die räumliche Ausgliederung aller planenden, steuernden und kontrollierenden Aufgaben aus dem Bereich der Fertigung

Henry Ford hat die Idee Taylors weiterentwickelt. 1908 stand er vor der Aufgabe, das T-Modell in Großserie zu produzieren. Realisieren konnte Ford diese Herausforderung, indem er neue Gestaltungsprinzipien einführte:

- Ordnung von Werkzeugen und Arbeitern in der natürlichen Reihenfolge ihrer Verrichtung
- Einführung eines Transportbandes, um die Teile nach der Bearbeitung an einem optimalen Arbeitsplatz abzutransportieren
- Einführung von Montagebändern, die die Teile an den Arbeitsplatz liefern

Eine entscheidende Voraussetzung war jedoch die Standardisierung. Teile wurden so exakt und passgenau produziert, dass Nacharbeiten nicht mehr notwendig waren. Durch Vereinfachung konnte ein immer höherer Automatisierungsgrad erreicht werden. Ford minimierte die Taktzeit in der Produktion auf kleine, einfache Arbeitsschritte, die von ungelernten Arbeitnehmern ausgeführt werden konnten. Fords Erfolge wurden auch deshalb möglich, weil er sich aus einem nahezu unerschöpflichen Pool an gering qualifizierten, aber äußerst leistungsbereiten Arbeitern bedienen konnte. Lohnerhöhung war ein Bestand der Unternehmenspolitik bei Ford.

In Deutschland wurden die Ideen von Taylor und Ford vor allem von *REFA* aufgenommen. Hauptaufgabe von REFA war die zeitliche Erfassung von Arbeitsabläufen mit dem Ziel, die einzelnen Arbeitsabläufe zu analysieren und die Grundlagen einer angemessenen Entlohnung zu finden.

In den 60er Jahren holten die europäischen Automobilhersteller den Vorsprung der amerikanischen auf. Durch den sehr langen Reifeprozess der Fließbandfertigung wurde eine sehr starke Arbeitsteilung und Standardisierung erreicht.

Ende der 60er Jahre zeichneten sich Probleme mit tayloristischen Konzepten ab. Auswirkungen waren Fluktuation, Absentismus, Rekrutierungsprobleme und Streiks.

In den 80er Jahren entwickelte sich das Konzept der Gruppenarbeit. Die tayloristische Variante basierte weiterhin auf einer stark hierarchischen, arbeitsteiligen und bürokratisch fremdgesteuerten Arbeitsorganisation. Die tayloristische Gruppenarbeit zementiert den Status von Hierarchie, Experten und Mitarbeitern. Arbeitsteilung, umfassende Fremdsteuerung und Hierarchie wurden nicht angetastet.

Bewertung

Die Arbeitsorganisation des Taylorismus induziert: Bürokratisierung, Inflexibilität, wachsende Stückkosten, lange Entwicklungszeiten, Entfremdung von Arbeit mit hohen Abwesenheitsquoten und schlechter Arbeitsqualität und damit sinkender Produktqualität. Verinnerlichung der Unternehmenskultur bei den Mitarbeitern, Partizipation an Entscheidungsprozessen sowie verantwortungsvolle Mitarbeit aller zur Erreichung der Unternehmensziele gehören nicht zu den Wesensmerkmalen des Taylorismus.

Parallel und weitgehend unabhängig vom Taylorismus entwickelte sich in Japan ein neuer Ansatz. Dieses Konzept ist als Schlanke Produktion (*Lean Management*) bezeichnet worden. Derzeit ist zu erleben, wie Unternehmen sich weg vom Taylorismus hin zu Lean Production – basierend auf dem Toyota-Produktionssystem – bewegen.

Dennoch sind einige Grundelemente des Taylorismus (und *Fordimus*) heute aktuell und finden sich im *TPS* wieder: die Konzentration auf den Arbeitsprozess und dessen ständige Optimierung, die Sicherstellung robuster Prozesse sowie das Bestreben, Komplexität zu reduzieren.

Time-to-Market

Der Erfolg der Produkteinführung spiegelt sich im Unternehmensgewinn wider. Zeitverzögerungen im Entwicklungsprozess und eine damit verbundene spätere Markteinführung haben negative Auswirkungen auf den Unternehmensgewinn.

Time-to-Market ist die Zeit, die ein Produkt benötigt, um von der Idee zur Marktreife zu gelangen. Damit ist Time-to-Market ein entscheidender Wettbewerbsfaktor für Unternehmen.

Neben der Beziehung zwischen Time-to-Market auf den Unternehmensgewinn gibt es auch einen Zusammenhang zwischen der Beschleunigung der Produktentwicklungszeit und den Herstellkosten. Gründe hierfür sind, dass eine kürzere Time-to-Market als die der Konkurrenten und ein Markteintritt als Pionier schnell zu einem hohen Produktionsvolumen führen. Über Effekte, die aus der Logik der Erfahrungskurve resultieren, können Möglichkeiten zur Reduzierung der Herstellkosten erschlossen werden.

Dieser Zeitraum zwischen abgeschlossener Produktentwicklung und der vollen Kapazitätserreichung ist bekannt als *Ramp-up-Phase*.

Eine Anlaufphase wird nötig, wenn ein Neuprodukt oder eine umfangreiche Produktänderung in der Produktion umgesetzt werden soll. Die Anlaufphase beginnt, wenn die Integration der konstruierten Komponenten in einem Prototyp abgeschlossen ist, und endet, wenn eine Produktion unter Echtbedingungen möglich bzw. die geplante Stückzahl pro Tag erreicht ist. Die Herausforderung ist dabei, ein technisch neuartiges Produkt durch ein neues Team unter Aufbau neuer Organisationsstrukturen mit Hilfe neuer Steuerungslogiken und Fertigungstechnologien in eine neue Infrastruktur zu integrieren.

Das Anlaufmanagement eines Serienprodukts umfasst alle Tätigkeiten und Maßnahmen zur Planung, Steuerung und Durchführung des Anlaufs mit den dazugehörigen Produktionssystemen, ab der Freigabe der Vorserie bis zum Erreichen einer geplanten Produktionsmenge, unter Einbeziehung der vor- und der nachgelagerten Prozesse im Sinne einer messbaren Eignung der Produkt- und Prozessreife (Wiendahl 2002, S. 8).

Aufbauend auf einer Studie von Wiendahl wurden fünf Handlungsfelder untersucht, um ein schnelleres Anlaufmanagement (*fast Ramp-up*) zu ermöglichen.

Handlungsfeld 1: Planung, Controlling und Organisation der Abläufe

Zur Bewältigung der Anlaufkomplexität sind Strategien, Methoden sowie standardisierte Geschäftsprozesse für das Anlaufmanagement neu zu entwickeln. Darauf aufbauend können innovative Planungs- und Controlling-Modelle für komplexe Serienläufe aufgestellt werden.

Handlungsfeld 2: Anlaufrobuste Produktionssysteme

Die Forderung nach anlaufrobusten Produktionssystemen verlangt ein Risiko- und Störungsmanagement, welches auf kurz- bis langfristigen Prognosefähigkeiten aufbaut. Gleichzeitig dazu sind angepasste Reaktionsstrategien zur Störfallvermeidung zu entwickeln.

Handlungsfeld 3: Änderungsmanagement im Ramp-up

Im Produktionsanlauf von Serienprodukten treten häufig Produkt- und Prozessänderungen auf. Um diese Änderungsprozesse zu beherrschen, ist ein adäquates Änderungsmanagement aufzustellen, das ganzheitlich und unternehmensübergreifend in standardisierte Geschäftsprozesse einzubinden ist. Wegen des hohen Zeitdrucks müssen die Folgewirkungen von Änderungen auf Produkteigenschaften, Produktionsprozesse und Qualität analysiert werden.

Handlungsfeld 4: Kooperations- und Referenzmodelle für den Anlauf

Produktionsanläufe von Serienprodukten setzen die enge Zusammenarbeit unterschiedlicher Unternehmensbereiche bzw. unterschiedlicher Unternehmen voraus. Zur effizienten Gestaltung von Produktionsnetzwerken ist die horizontale und vertikale Kooperation beteiligter Partner sicherzustellen.

Handlungsfeld 5: Wissensmanagement und Personalqualifikation

Die an den Anlaufprozessen beteiligten Mitarbeiter und deren Wissen haben entscheidenden Einfluss auf den Ablauf und Erfolg von Produktionsanläufen. Qualifikationen und Erfahrungen der Mitarbeiter, die schon in anderen Projekten gesammelt wurden, sind der Schlüssel für ein verbessertes Anlaufmanagement (Wiendahl 2002, S. 18 ff.).

Total Productive Maintenance (TPM)

Hintergrund

Jeder Ausfall der Betriebsmittel verringert die Produktivität eines Unternehmens, verursacht Kosten und gefährdet Liefertermine. Dennoch wird in vielen Fällen lediglich Ausfallbehebung praktiziert, d. h., erst im Störungsfall werden Maßnahmen zur Behebung eingeleitet.

Vielmehr müssen aber vorbeugende Maßnahmen ergriffen werden, die zu einer einwandfreien Funktion der eingesetzten Maschinen und Anlagen führen (vorbeugende Instandhaltung).

Diese vorbeugende Instandhaltung umfasst die Inspektion, Wartung sowie den vorbeugenden Teileaustausch. Weiterentwickelt wurde die vorbeugende zur Produktiven Instandhaltung. Dabei wurde die Verantwortung für die Instandhaltung der Produktionsanlagen allein von einer gesondert dafür eingerichteten Instandhaltungsabteilung getragen.

Darauf aufbauend wurde in der Folge das Konzept der Produktiven Instandhaltung durch Elemente des *Job-Enrichments* ergänzt, d. h., dem Maschinenarbeiter wurden Befugnisse für routinemäßige Instandhaltungsmaßnahmen erteilt.

Die Aufteilung der Instandhaltungsverantwortung auf Instandhaltungsabteilung und Maschinenbediener wurde im Rahmen des *Toyota-Produktionssystems* aufgegriffen und unter dem Namen Total Productive Maintenance weiterentwickelt. Dabei wurden mit dem Thema Instandhaltung erstmals Elemente der *Schlanken Produktion* verbunden wie visuelles Management (das den Maschinenzustand jederzeit erkennen lässt) und Kaizen, welches versucht, die Störungsgründe sukzessive zu eliminieren).

Konzept

Total Productive Maintenance (TPM) ist ein Konzept zur ständigen Verbesserung der gesamten Produktionsanlageneffizienz unter aktiver Beteiligung aller Mitarbeiter.

Da bei TPM die Produktionsanlage nicht ausschließlich betrachtet wird, sondern auf einem Zusammenspiel von Mensch, Anlage und Arbeitsumfeld aufbaut, beruht das TPM auf folgenden Schwerpunkten:

1. Totale Anlageneffizienz

Sie wird erreicht durch die Beseitigung von Verlustquellen, die sich negativ auf den Produktionsprozess und die Qualität der gefertigten Produkte auswirken. Für die Berechnung der so genannten *Gesamtanlageneffizienz (Overall Equipment Efficiency, OEE)* werden im TPM drei Kennzahlen herangezogen: Die Verfügbarkeitsrate, die Leistungsrate und die Qualitätsrate. Diese Kennzahlen beziehen alle sechs großen Verlustquellen ein:

1. Stillstandzeiten durch störungsbedingte Ausfälle
2. Umrüstzeiten durch Werkzeugwechsel
3. Leerlauf und kurzzeitige Störungen durch technische Probleme
4. Verringerte Taktgeschwindigkeit durch Unterschiede
5. Anlaufverluste bei Produktwechsel
6. Qualitätsverluste, z. B. Ausschuss und Nacharbeit

Durch die Heranziehung der TPM-Kennzahlen lässt sich die Gesamtanlageneffizienz wie folgt berechnen:

$$OEE = Verfügbarkeitsrate \times Leistungsrate \times Qualitätsrate$$

2. Totale Anlagenerhaltung durch Maschinenbediener und Instandhaltungsabteilung

Die Maschinenbediener werden mit in die Anlagenerhaltung einbezogen. Sie führen die routinemäßige Instandhaltung (Wartung, Inspektion, Teileaustausch und Instandsetzung) der Produktionsmittel und der benötigten Werkzeuge eigenständig durch (autonome Instandhaltung). Somit übernehmen sie auch die Verantwortung für den Zustand der Anlagen und ihres Arbeitsplatzes.

Nach Einbeziehen der Maschinenbediener in die Instandhaltung verlagert sich der Aufgabenbereich der Instandhaltungsabteilung auf übergeordnete Maßnahmen der Instandhaltung und das gesamte Instandhaltungs-Management:

- Wartungsarbeiten, die über die üblichen Routineaufgaben hinausgehen und spezielle Hilfs- und Werkstoffe erfordern oder die aus Kostengründen nicht für alle Maschinenbediener vorhanden sind.
- Inspektionsmaßnahmen, die spezielle technische Geräte zur Messung des Ist-Zustands erfordern.
- Maßnahmen, die größeren zeitlichen und technischen Aufwand erfordern und deshalb vorzugsweise außerhalb der regulären Produktionszeit durchgeführt werden.
- Instandhaltungsmaßnahmen, die eine besondere arbeitssicherheitstechnische Ausbildung bedingen.
- Übergreifende Analysen, die durch den datentechnischen und zeitlichen Aufwand nicht sinnvoll in den Produktionsablauf integrierbar sind.
- Optimierung der Instandsetzungsmaßnahmen selbst, um Störungen so schnell wie möglich zu beseitigen und so längere Unterbrechungen des Produktionsablaufs zu verhindern.

3. Totale Mitarbeitermotivation und Mitarbeiteridentifikation

Durch zielgerichtete Schulungs- und Fortbildungsmaßnahmen der Maschinenbediener wird der Bildungsstand erhöht und damit die Voraussetzung für die autonome Instandhaltung geschaffen. Durch ihre eigenverantwortliche Arbeitsweise und erweiterte Entscheidungskompetenz steigt ihre Motivation. Die Maschinenbediener identifizieren sich mehr mit ihrer Arbeit und zeigen Verantwortungsbewusstsein sowohl für ihren Arbeitsplatz als auch für das gesamte Unternehmen. Damit basiert das TPM auf den Fähigkeiten und der Motivation jedes einzelnen Mitarbeiters und nutzt seine Kreativität, sein Wissen und sein Können.

Die sieben Schritte von TPM

Das Japan Institute of Plant Maintenance beschreibt TPM als ein Modell in sieben Schritte. Jeder Schritt gibt Maßnahmen und Ziele vor und baut auf dem vorhergehenden auf (Imai 2002, S. 245 f.).

Schritt eins:

Anfängliche Reinigung mit erster Überprüfung: Dieser Schritt beinhaltet die gründliche Reinigung der äußeren und inneren Bauteile der Anlagen mit dem Ziel des Erkennens von Mängeln und deren Beseitigung.

Schritt zwei:

Maßnahmen gegen Verschmutzungsquellen: Hier werden die Ursachen der Verschmutzung erforscht. Sie können im unsachgemäßen Umgang, im schlechten Zustand oder an konstruktiven Fehlern der Maschinen liegen.

Schritt drei:

Festlegen von Standards: Standards bilden den Ausgangspunkt für Verbesserungsaktivitäten. In diesem Schritt sollte der Zeitaufwand für Routineinstandhaltung wie Reinigung, Schmierung und Inspektion festgelegt werden. Diese Standards sind vorläufige Richtgrößen, die von den Maschinenbedienern selbst festgelegt werden. Sie werden im Schritt fünf weiter überarbeitet.

Schritt vier:

Inspektion und Wartung der gesamten Produktionsanlage: Dabei wird der Zustand der gesamten Produktionsanlage untersucht. Die Maschinenbediener lernen anhand des Inspektionshandbuchs, Abweichungen zu erkennen und zu korrigieren.

Schritt fünf:

Beginn der autonomen Instandhaltung: Die in Schritt vier gewonnenen Erfahrungen werden einbezogen bei der Überarbeitung und Erweiterung der zuvor von den Maschinenbedienern entwickelten Standards. Weiter werden in dieser Phase Prüfformulare zur autonomen Instandhaltung ausgearbeitet und eingeführt.

Schritt sechs:

Organisation und Optimierung des Arbeitsplatzes: Im sechsten Schritt werden die Aktivitäten auf das gesamte Arbeitsumfeld ausgedehnt. Durch Sauberkeit am Arbeitsplatz und eine systematische Anordnung der benötigten Werkzeuge, Vorrichtungen, Messmittel etc. werden eine Verbesserung der Arbeitseffektivität, Prozessqualität und Arbeitssicherheit erreicht.

Schritt sieben:

Autonome Instandhaltung: Schritt sieben stellt den Übergang in die autonome Instandhaltung dar. Die Effizienz der Anlagen wird durch das Aufdecken von Schwachstellen, deren Beseitigung und kontinuierliche Verbesserungsmaßnahmen gesteigert.

Die Maschinenbediener müssen während der Einführung des TPM durch Schulungsprogramme unterstützt werden. Die autonome Instandhaltung kann nur erfolgreich sein, wenn die Maschinenbediener auf die für sie ungewohnte Aufgabe, Mehrverantwortung und Handlungsautonomie gut vorbereitet werden.

Bewertung

TPM ist das Instandhaltungskonzept der Schlanken Produktion. Es erkennt die im Unternehmen vorhandenen Potenziale (Arbeitskraft, Maschine) und nutzt diese zur Erreichung einer 100 %igen Gesamtanlageneffizienz. Natürlich fordert TPM von dem betreffenden Unternehmen Durchhaltevermögen und eine unerschütterliche Konsequenz, da der Prozess, wie alle Elemente der kontinuierlichen Verbesserung, beendet sein wird.

Der Stellenwert, den TPM für die Umsetzung der Schlanken Produktion hat, ist vom jeweiligen Einzelfall abhängig. Es gehört zu denjenigen Instrumenten, die disponibel sind. Pauschale Angaben über die Sinnhaftigkeit des Einsatzes von TPM können nicht gemacht werden, jedoch mag als Orientierung der Grad der Automatisierung im Unternehmen gelten.

Toyota-Produktionssystem (TPS)

Hintergrund

Anfang der 90er Jahre stellte eine wissenschaftliche Vergleichsuntersuchung des MIT unter dem Titel „The machine that changed the world" über Produktions- und Rationalisierungskonzepte in der Automobilindustrie fest, dass in der japanischen Automobilindustrie, insbesondere aber bei Toyota, ein neues, in wirtschaftlicher Hinsicht allen anderen Ansätzen überlegenes, Konzept entwickelt worden war. Dieses Konzept ist als Schlanke Produktion (Lean Production) bezeichnet worden. Nach Aussage der Autoren waren die Japaner in fast allen Bereichen dem Rest der Welt um Längen voraus. Die Unterschiede liegen in dem begründet, was als *Toyota-Produktionssystem (TPS)* bezeichnet wurde (Spath 2003, S. 192).

Im Zuge der Verbreitung einer Studie, hielten in immer stärkerem Maße Begriffe und Ansätze wie *Lean Production, Kaizen* Einzug in die europäische Wirtschaft. Die unter diesen Ausdrücken beschriebenen Abläufe sind alle auf die Philosophie des Toyota-Produktionssystems zurückzuführen.

Das Toyota-Produktionssystem entstand aus einer Notwendigkeit heraus, kleine Stückzahlen vieler Modelle bei niedrigen Preisen zu produzieren. Das wichtigste Ziel war die Erhöhung der Wirtschaftlichkeit der Produktion durch konsequente Beseitigung jeglicher Verschwendung (Ohno 1993, S. 19).

Konzept

Wenn von *Just-in-Time* oder *Kanban* gesprochen wird, ist in Wirklichkeit das Toyota-Produktionssystem gemeint. Die Amerikaner haben es in der Zwischenzeit in *Lean Production* umgetauft.

Grundlage ist die Kostenreduzierung durch Vermeidung von Verschwendung, *Muda*. Als weitere Elemente sind Just-in-Time, *Jidoka, Standardisierung* und die *kontinuierliche Verbesserung* zu nennen. Diese Instrumente repräsentieren die Handlungsfelder, die Toyota für seine Produktion erkannt hat. Unter ihnen sind weitere Methoden zusammengefasst, wie Andon, Heijunka, Kanban, Poka Yoke, 5 S und Total Productive Maintenance.

Die Ziele des Toyota-Produktionssystems lauten:

- Kostenreduzierung durch konsequente Eliminierung jeglicher Art von Verschwendung innerhalb des Produktionsprozesses
- Die Gestaltung von Produktionsprozessen, die eine gleichmäßig hohe Produktqualität ermöglichen
- Die Schaffung einer Arbeitsumgebung, die sich flexibel Prozess-, Produkt- und Nachfrageänderungen anpassen kann und trotzdem die individuellen Bedürfnisse der Mitarbeiter berücksichtigt

Der Grundsatz, dass nur das produziert wird, was sich am Markt absetzen lässt und zu dem Zeitpunkt, wann es sich absetzen lässt, wird im TPS mittels Just-in-Time erreicht. Die Güter oder Bauteile werden erst bei Bedarf zur weiteren Verarbeitung bzw. zum Verkauf geliefert. Damit verringern sich die Kosten für die Waren- und Beschaffungslogistik, da Lagerbestände und Durchlaufzeiten minimiert werden und längere Lagerungszeiten entfallen. Dabei wird die Just-in-Time-Fertigung in der Regel durch Kanban gesteuert.

Unter der autonomen Automation versteht man die Übertragung der menschlichen Intelligenz auf die Maschine. Jede Maschine wird mit Geräten, z. B. Sensoren ausgestattet, die zwischen normalen und anormalen Bedingungen unterscheiden können.

Bewertung

Das Toyota-Produktionssystem repräsentiert das heute gültige Konzept einer kundenorientierten und wirtschaftlichen Produktion. Die Väter der Konzepte Ohno und Toyoda haben hierfür bereits in der Mitte des vorigen Jahrhunderts die Weichen gestellt. Nachdem dieses Konzept in den 80er Jahren in Nordamerika und Europa überhaupt wahrgenommen worden ist, waren die ersten Versuche der Adaption durch eine Reihe von Irrtümern gekennzeichnet. Der reichhaltig gefüllte Methodenkasten des TPS hat dazu geführt, sich hier selektiv zu bedienen, gemäß dem Motto *wir beginnen mal mit Kanban und kümmern uns später um Qualität.* Das hat natürlich nicht funktioniert. Heute ist man sich bewusst, dass diese Tools Teil eines Großen und Ganzen sind und, nur gemeinsam angewendet werden können. Die Herausforderung besteht heute darin, die von japanischen Unternehmen vorgelebte, unerschütterliche Konsequenz aufzubringen, die Tugenden von TPS im Tagesgeschäft durchzuhalten.

Transaktionskosten

Hintergrund

Der Grundgedanke der *Transaktionskostentheorie* liegt in der Erkenntnis, dass die Organisationsform einer Unternehmung im Hinblick auf die Entstehung von Kosten der Geschäftsausübung relevant ist. So ist verständlich, dass eine Organisation bei Unterstellung eines Strebens nach Gewinnmaximierung die Form wählen wird, die kostenminimal für sie ist. Somit stellen diese Kosten ein wichtiges Entscheidungskriterium bei der Wahl der Organisationsform dar.

Konzept

Während sich die traditionelle Ökonomie vor allem mit Marktmechanismen befasst, ging der Nobelpreisträger von 1991, Ronald Coase, der Frage nach, wie es zur Gründung von Unternehmen kommt. In seinem Buch *The Nature of the Firm* aus dem Jahr 1937 stellte er fest, dass ein Unternehmen so lange wächst, bis die Kosten zur Organisation einer zusätzlichen Transaktion innerhalb der Unternehmung gleich groß sind wie die Kosten, die bei der Ausführung der gleichen Transaktion am Markt entstehen.

Sind die Transaktionskosten am Markt geringer, muss das Unternehmen unprofitable Teile abstoßen. Im Grenzfall der gegen Null gehenden Transaktionskosten führt dies zur Auflösung des Unternehmens als Ganzes.

Transaktionskosten umfassen folgende Kostenkategorien:

- Anbahnungskosten für die Suche nach geeigneten Partnern, die die gewünschte Leistung erstellen können
- Vereinbarungskosten, zu denen Kosten für die Formulierung von Verträgen und die Beseitigung von Unklarheiten gehören
- Kontrollkosten für die Überwachung von Terminen und vereinbarten Eigenschaften sowie
- Anpassungskosten für die Veränderung einmal getroffener Vereinbarungen während der Laufzeit der Transaktionsbeziehung (Wildemann 1997, S. 427)

Unter einem Transaktionsprozess versteht man die Übertragung des Guts vom Verkäufer zum Käufer. Transaktionskosten bzw. Markttransaktionskosten für ein Gut sind die Kosten des Produktionsfaktors Organisation. Sie umfassen alle Kosten für den Transaktionsprozess, die durch den Markt nicht in einem Preis festgelegt werden (Schönsleben 2002, S. 63).

Transaktionskosten entstehen, wenn über den Preis nicht alle nötigen Informationen über ein Gut ausgedrückt werden, z. B. aufgrund von Unvermögen, Opportunismus, Unsicherheit oder Marktverzerrungen. Transaktionskosten sind somit Kosten für Informationen.

Je geringer die Transaktionskosten innerhalb eines Unternehmens sind, desto schneller kann es wachsen. Deshalb ermöglicht das Internet mit seinen minimalen Transaktionskosten den Unternehmen exponentielle Wachstumsraten. Mit dem Begriff der Transaktionskosten von Coase lässt sich die Existenz von Organisationen erklären. Während Märkte Gebilde sind, um Eigentum zu übertragen, sind Unternehmen Gebilde, um Transaktionskosten zu senken. Die Grenze für eine Unternehmensgröße ist da erreicht, wo die Transaktionskosten gleich den Kosten im Markt werden.

Bewertung

Aufgrund der zunehmenden Bedeutung von kurzen Lieferdurchlaufzeiten und Flexibilität müssen die Argumente von Coase neu ergänzt werden. In Kosten umgesetzte Argumente aus den Zielbereichen Lieferung und Flexibilität gehören heute ebenfalls zu den Transaktionskosten.

Kosten der Durchlaufzeit

Diese Kosten entstehen z. B. für Unsicherheit, die beim Käufer aufgrund der Länge der Durchlaufzeit entstehen, z. B. wenn er die Produktion bzw. Beschaffung anhand von Bedarfsvorhersagen einleiten muss und sich die Nachfrage nicht wie die Vorhersage verhält.

Flexibilitätskosten

Sie umfassen z. B. die Kosten für Änderungen der Menge und der Art der zu beschaffenden Ressourcen aufgrund von sich verändernden Bedürfnissen der Kunden des Käufers. Sie entstehen auch in Folge von Abstimmungsproblemen in den Kapazitäten (Mitarbeiter und Produktionsinfrastruktur) aufgrund von geänderten Anforderungen.

Transaktionskosten sind vergleichbar mit Reibungsverlusten verschiedener Art in der Koordination der Beziehungen in einem Logistiknetzwerk.

Mit steigenden Transaktionskosten sinkt die Anzahl unabhängig agierender Partnergruppen im Logistiknetzwerk, was eine Tendenz zur Push-Logistik und schließlich zur Reduktion der Anzahl eigenständiger Unternehmen zur Folge hat. Umgekehrt erhöht sich die Anzahl unabhängig agierender Partnergruppen im Netzwerk mit sinkenden Transaktionskosten, was im Logistiknetzwerk eine vermehrte Bildung von Ebenen im Prozessmodell, eine Pull-Logistik und schließlich eine Erhöhung der Anzahl eigenständiger Unternehmen zur Folge hat (Schönsleben 2002, S. 65).

Die Entscheidung, ob Güter oder Dienstleistungen am Markt beschafft oder im eigenen Unternehmen bereit gestellt werden (*Make-or-Buy-Entscheidungen*), ist also das Ergebnis einer Betrachtung der Gesamtkosten: Produktionskosten plus Transaktionskosten (*externe und interne Transaktionskosten*).

Die Höhe von Transaktionskosten kann das Zustandekommen von Transaktionen verhindern, wenn etwa die anfänglichen Informationskosten für einen potenziellen Käufer so hoch geraten, dass die Transaktion prohibitiv verteuert. Auch verhindert die Existenz von Transaktionskosten, dass Käufer oder Verkäufer das für sie günstigste Angebot finden, da die mit der Suche steigenden Transaktionskosten eventuelle Vorteile von weiteren Angeboten wieder aufwiegen (*Lehre vom abnehmenden Grenzertrag*).

Transaktionskosten wie etwa Zurechnungs- oder Messkosten können sogar die Existenz von Märkten für bestimmte Güter verhindern. Neue Informationsformen können diese Transaktionskosten senken.

Turbulenz

Hintergrund

Die heutigen Unternehmen sind einem immer stärker werdenden turbulenten Markt ausgesetzt. Dieser turbulente Markt zeichnet sich durch unvorhersehbare Marktveränderungen aus. Die Folge des *turbulenten* Markts sind unter anderem immer kürzere Produktlebenszyklen, da die Nachfrage von Produkten schneller abfällt als in der Vergangenheit. Außerdem wird vom Kunden immer öfter gefordert, dass er seine Aufträge selbst nach gestarteter Produktion ändern kann, z. B. Änderung der Stückzahlen oder Ausführungen. Aber auch turbulente Veränderungen auf dem Arbeitsmarkt spielen heute eine größere Rolle, da es häufiger zu Arbeitsplatzwechseln kommt als früher. Weiterhin spielen auch Veränderungen auf dem Beschaffungsmarkt eine Rolle für das Unternehmen, das die geforderte Anpassungsfähigkeit ermöglichen soll.

Konzept

Da die Physik einen Erklärungsansatz für das Entstehen und Beherrschen von Turbulenzen bereitstellt, liegt der Gedanke nahe, diesen über Analogiebetrachtungen auf die Produktion zu übertragen.

In der Physik gelten Zustände des dynamischen Verhaltens von Gasen und Flüssigkeiten (Fluiden) als turbulent, bei denen nicht mehr vom mikroskopischen Verhalten des Fluids auf die mikroskopische Bewegung einzelner Teilchen geschlossen werden kann. Zentrale Kenngröße zur Beschreibung der Turbulenz ist die Reynoldszahl. Die Reynoldszahl ergibt sich aus dem Quotienten der Trägheitskräfte zu Scherkräften.

In der Produktion ist dasselbe Phänomen bekannt: Abweichungen vom generalisierten, mittleren Flussbild der Produktion in der Ausführung erschweren das Zusammenspiel von Planung und Steuerung im turbulenten Umfeld.

Das logistische Verhalten eines Produktionssystems gilt dann als turbulent, wenn die Mittelwerte der logistischen Auftragskenngrößen Prozesszeit (Bearbeitungszeit eines Auftrags) und Übergangszeit für die des Einzelauftrags nicht mehr repräsentativ sind. Die zulässige Abweichung ist über eine vorgegebene Toleranz bestimmt. Damit lässt sich die aktuelle Position einzelner Aufträge nicht mehr mit der erforderlichen Aussagesicherheit aus einer mittelwertbasierten Planung ableiten.

Das logistische Leitbild beschreibt, wie die Aufträge durch die Produktion fließen sollen. Es lassen sich zwei logistische Leitbilder beschreiben.

Flussorientierte Strategie

Ihr Ziel besteht darin, trotz externer Bedarfsschwankungen intern einen gleichmäßigen Auftragsfluss zu erzeugen.

Aus regelungstheoretischer Sicht sind zwei Regelkreise erforderlich. Die flussorientierte Strategie zielt auf eine logistische Gleichbehandlung von Eil-, Kunden- und Lageraufträgen. Die oftmals genutzte Möglichkeit, mit Lageraufträgen die Auslastung zu optimieren, ist nicht Bestandteil der Strategie (Wiendahl 2002, S. 228).

Turbulenzorientierte Strategie

Diese Strategie realisiert einen heterogenen Auftragsfluss. Der so genannte Gebirgsbach besitzt eine hohe Durchlaufzeitstreuung und erfordert ein Auftragsmanagement des individuellen Auftragsfortschritts. Eine auftragsindividuelle Abfertigung erfordert die zusätzlichen Stellgrößen Auftragspriorität und -zuordnung sowie Rüst- und ggf. Ablaufreihenfolgeveränderungen. Um die geplanten internen oder externen Termine einzuhalten, ist jeder einzelne Auftrag individuell zu planen und durchzusetzen, was den Planungs- und Steuerungsaufwand deutlich erhöht.

Die Marktwünsche hinsichtlich Lieferzeit (Geschwindigkeitsanforderungen), Bedarfsverhalten sowie Terminabweichungen bestimmen die Auswahl des logistischen Leitbilds sowie die Lage des Kundenentkopplungspunkts (Wiendahl 2002, S. 228 f.).

Bewertung

Schnelle und deshalb überraschende, aber auch unmerklich schleichende Veränderungen kennzeichnen die heutige – oft als turbulent bezeichnete – Situation von Produktionsunternehmen. In ihrem Auftragsmanagement begegnen die Unternehmen den wechselnden Rahmenbedingungen im Wesentlichen mit dem klassischen *MRP-Ansatz* standardisierter *PPS-Methoden*. Im turbulenten Umfeld bei komplexen Produkt- und Produktionsstrukturen ist diese Planung oftmals nicht mehr realitätsgerecht. Die Beteiligten meistern die wechselnden

Marktanforderungen im wahrsten Sinne des Wortes, das Planen am System vorbei und ausufernde Abstimmungsrunden für interne und externe Termine sind unausweichliche Folgen.

Statt darauf zu hoffen, dass die turbulenten Zeiten eines Tages zu Ende gehen werden, ist es vielmehr notwendig, Strukturen im Unternehmen zu schaffen, die in der Lage sind, diese Turbulenzen abzufangen.

U-Layout

Die Darstellung eines Systems in einer flächenmäßigen oder räumlichen Anordnung in Form von Zeichnungen oder Modellen bezeichnet man als Layout. Beispiele sind das Layout bei der Planung eines Lagers in Grund- und Aufriss sowie Schnittdarstellung, Förderverläufe, Maschinen- und Anlagenaufstellplätze sowie Einrichtungen.

In Bezug auf eine Produktion spricht man dann von einem *U-Layout*, wenn die Maschinen in Form eines U in der Reihenfolge der Arbeitsschritte angeordnet sind. Durch diese Anordnung lässt sich das Pull-Prinzip einfacher realisieren. Die Maschinen sollten nach Möglichkeit im äußeren Bereich positioniert sein, die Arbeiter im Zentrum beschäftigt. Durch diese Anordnung kann man einen flexiblen Mitarbeitereinsatz unterstützen (vgl. Spath 2003, S. 207).

Für ein flussoptimiertes Layout bietet sich die U-Form an. Es hat folgende Vorteile:

- Vereinfachung von Material- und Werkzeughandhabung sowie Verkürzung von Transportwegen.
- Personaleinsatzflexibilität durch Mehrmaschinenbedienung: Intensive Kommunikation der Mitarbeiter findet untereinander statt, wodurch Probleme zügig identifiziert und behoben werden können. Auch zur Generierung und Umsetzung von Verbesserungsideen ist die intensive Kommunikation nützlich.
- Teamwork, d. h., gemeinsame Problemlösung und Qualitätsverbesserung, durch räumliche Nähe und Kommunikationsmöglichkeiten der Mitarbeiter: Eine Mehrmaschinenbedienung ist gut möglich. Bei einer Mehrmaschinenbedienung werden mehrfach qualifizierte Mitarbeiter eingesetzt, die unterschiedliche Maschinen bedienen können. Jeder Mitarbeiter wird einer oder mehreren Maschinen zugeordnet, kann aber bei Bedarf auch andere Maschinen bedienen und aushelfen, wenn es an einer Maschine zu einem Engpass kommt (vgl. Thonemann 2005, S. 343).

- Unmittelbare Nacharbeit und folglich sofortige Korrektur von Qualitätsmängeln am Ort ihrer Entstehung.
- Durchlässigkeit der Bereiche, denn im Gegensatz zu einer langgestreckten Maschinenreihe, die jeden Durchgang relativ schwer macht, ist die U-Form übersichtlicher und kompakter.

Vendor-Managed-Inventory (VMI)

Hintergrund

Vendor-Managed-Inventory (VMI) stellt ein Konzept der Materialversorgung dar, bei dem die Steuerung der Belieferung nicht durch den Abnehmer, sondern durch den Lieferanten selbst erfolgt. Der Lieferant disponiert und verwaltet das Lager des Produzenten und füllt es eigenverantwortlich auf. Der Lieferant übernimmt dabei die Verantwortung für die Materialverfügbarkeit und erhält dazu exakte Informationen über die Lagerbestände und die aktuelle Nachfrage bei seinen Kunden. Auf Basis dieser Informationen entscheidet der Lieferant dann über den Zeitpunkt und die Menge der zu liefernden Ware.

Konzept

VMI wird immer häufiger in der Industrie angewendet. Hierbei ist eine der wichtigsten Forderungen des Kunden an den Lieferanten, stets den Mindestvorrat an Material zu garantieren, so dass seine Produktion zu keinem Zeitpunkt gefährdet ist. Der Lieferant seinerseits ist daran interessiert, seine Produktions- und Transportkapazitäten optimal planen und einsetzen zu können. Verfügt der Lieferant regelmäßig über die aktuellen Bestandsdaten des Kunden, kann daraus zum Beispiel der durchschnittliche Verbrauch ermittelt werden. Dadurch wird es ihm möglich, eine Nachschubplanung für diesen Kunden durchzuführen und ihn bedarfsgerecht zu beliefern.

In aller Regel verschafft sich der Lieferant zeitnah einen Überblick über das Bestandsniveau des Kunden, indem er die dazu nötigen Informationen von dessen Planungssystem einsieht. Mit Hilfe dieser Daten plant der Zulieferer dann den Zeitpunkt des optimalen Liefertermins sowie die optimale Auffüllmenge. Diese sollte so klein wie möglich, aber eben auch so hoch wie nötig zur Aufrechterhaltung bzw. evtl. zur Verbesserung des Servicegrads sein. Ist der Zeitpunkt zum Auffüllen gekommen, löst der Zulieferer das Signal zur Auslieferung aus. Für Nachschub ist nun gesorgt, ohne dass der Kunde aktiv werden musste.

Bewertung

Das Konzept der VMI strebt die Vermeidung des *Bullwhip-Effekts* an. Der Produzent kann die Bestände des gesamten Distributionsnetzes auf der Grundlage aktueller Nachfrageinformationen planen. Entsprechend hat er sehr gute Voraussetzungen, eine Verstärkung von Nachfrageschwankungen zu vermeiden. Dies ermöglicht viele der nachfolgenden Vorteile der VMI:

- VMI trägt zur Reduzierung der Bestände in der gesamten Lieferkette bei, ohne den Servicegrad gegenüber dem Endkunden zu gefährden.
- Der Servicegrad gegenüber dem Endkunden kann gesteigert werden, ohne die Bestände in der Lieferkette zu erhöhen.
- Der Verwaltungsaufwand verringert sich für den Lieferanten. Seine operative Aufgabe reduziert sich insbesondere darauf, die Nachfrage des Endkunden zu erfassen und hierauf zu reagieren.
- Der Produzent profitiert von einer hohen Versorgungssicherheit und reduziert das Risiko fehlteilbedingter Kapazitätsverluste.

Das Konzept der VMI verändert die Zusammenarbeit zwischen Produzenten und ihren Zulieferern. Der Kunde gibt einen Großteil seiner Verantwortung an den Lieferanten ab. VMI setzt ein hohes Maß an Vertrauen zwischen den Partnern in einer *Supply Chain* voraus. Belohnt wird diese Art der automatischen Abwicklung mit einer zeit- und aufwandsoptimierten Lieferkette, von der auch der Lieferant profitiert. So berichten Lieferanten über positive Erfahrungen dahingehend, dass der Dispositionsaufwand, ausgelöst durch den sprunghaften Wechsel des Kunden von Eilaufträgen zu Stornierungen, deutlich sinkt.

Verschwendung

Hintergrund

Die offensichtlichste Ursache für Verluste im Unternehmen ist die *Verschwendung*. Eine „konsequente und gründliche Beseitigung jeglicher Verschwendung“ soll zu einer „Erhöhung der Wirtschaftlichkeit der Produktion“ führen (Ohno 1993, S. 19).

Konzept

Verschwendung entsteht dann, wenn innerhalb eines Wertschöpfungsprozesses mehr Ressourcen verbraucht werden als eigentlich erforderlich. Unterschieden werden kann Verschwendung bezogen auf manuelle sowie auf maschinelle Tätigkeiten (Mählck, Panskus 1995, S. 81):

- Verschwendung bezogen auf manuelle Tätigkeiten, wie überflüssige Tätigkeiten, Prozesse, Abläufe, Zeiten, Materialien und
- Verschwendung bezogen auf maschinelle Tätigkeiten, wie vermeidbare Betriebsmittel-Stillstandszeiten und Kosten

Taiichi Ohno teilte mögliche Arten der Verschwendung in folgende Kategorien ein (Ohno 1993, S. 46):

- In Form von Überproduktion (Schwund; unnötige Informationen auf Formularen; unnötige Berichte; Ausschuss; Doppelarbeit; Produktion auf Lager; Stückzahl falsch prognostiziert)
- In Form von Wartezeiten (nicht abgestimmte Kapazitäten; ungeplante Tätigkeiten; zu hohe Arbeitsteilung; zu starrer Prozessablauf; lange Rüstzeiten; Teilemangel; Warten auf eine Entscheidung (geringe Eigenverantwortlichkeit); Maschinenstillstand)
- Beim Transport (zu viele Bearbeitungsschritte; Transport in Zwischenlager; lange Wege bis zum Lagerplatz/vom Lagerplatz; doppelte/dreifache Handhabung während der Bearbeitung; Holen von Werkzeugen oder Unterlagen)
- Bei der Bearbeitung selbst (Nacharbeit, weil die Maschine nicht ausreichend fähig ist; unzureichende Vorrichtungen und Werkzeuge; unzureichende oder unzuverlässige Transportsysteme; komplizierte und damit lange Rüstzeiten; ungünstiges Fertigungsverfahren;

ungünstige Datenverarbeitungssysteme; Vielfacheingaben der Daten; Zugriff auf benötigte Daten nicht möglich; mangelhaft ausgebildete Bediener)

- Im Lager (Aufträge werden gesammelt; Kauf großer Materialmengen; ineffiziente Auftragsverteilung; unabgestimmte Kapazitäten; Stillstandszeiten der EDV oder Produktionsanlagen; schlechte Arbeitsplanung; Kommunikationsprobleme; unausgewogene und unharmonische Fertigungsprozesse)
- In Form von überflüssigen Bewegungen (Suche nach Material und Teilen; Suche nach Werkzeugen; weite Wege zu Lagerplätzen; geringe Automatisierung; Arbeitsunterlagen, die nicht direkt am Arbeitsplatz sind)
- In Form von defekten Produkten (Unachtsamkeit; schlechtes Material; mangelhafte Ausbildung der Maschinenbediener; unzureichende Sauberkeit und Übersicht am Arbeitsplatz; Produkte außerhalb der Spezifikation (Ausschuss, Nacharbeit, Aussortierung))

Nach Angabe des *Kaizen Institutes* wurde inzwischen eine weitere Art der Verschwendung erkannt: Die nicht genutzte Kreativität von Mitabeitern.

Dabei wird aber die Verschwendung in Form von Überproduktion als die extremste Form der Verschwendung angesehen. Ohno spricht davon, dass es „keine schrecklichere Verschwendung in Unternehmen als die der Überproduktion" gibt (Ohno 1993, S. 42). Die Überproduktion zieht eine Reihe anderer Verschwendungsarten nach sich und führt zu:

- Zusätzlicher Handhabung,
- zusätzlichem Raumbedarf,
- zusätzlichen Betriebsmitteln,
- zusätzlichen Abwertungsrisiken,
- zusätzlichem Personal,
- zusätzlichem administrativem Aufwand und damit insgesamt
- zu Mehrkosten.

Um die Verschwendung vollständig zu eliminieren, sind nach Taiichi Ohno zwei Punkte zu berücksichtigen (Ohno 1993, S. 44 f.):

- Die Verbesserung der Effizienz ergibt nur dann einen Sinn, wenn sie mit Kostensenkung verbunden ist. Um diese zu erreichen, müssen wir beginnen, nur die Dinge herzustellen, die wir tatsächlich benötigen, bei Einsatz der Mindestanzahl von Arbeitskräften.
- Untersuchen Sie die Effizienz jedes Arbeiters und jedes Fließbandes. Dann sehen Sie sich die Arbeiter im Team an und dann die Effizienz des gesamten Werkes (alle Fließbänder). Die Effizienz muss auf jeder Stufe verbessert werden und gleichzeitig für das Werk als Ganzes.

Bewertung

„Es geht nicht darum, härter zu arbeiten, sondern cleverer" lautet das Leitmotiv der verschwendungsfreien Arbeit. Ein kritischer Blick auf Verschwendung in der Produktion zeigt, dass vielfach der überwiegende Anteil dessen, was Mitarbeiter in der Produktion durchführen, Ausdruck von Verschwendung ist. Aber keinen Vorwurf in diese Richtung – schließlich arbeiten die Mitarbeiter so, wie es ihnen von der Planung vorgegeben wird.

Verschwendung zu eliminieren, nachdem sie identifiziert wurde, ist demnach weniger ein Problem, als sie überhaupt zu erkennen. Im Sinne der Kaizen-Strategie sollten sämtliche Mitarbeiter aller Hierarchieebenen eines Unternehmens ein Bewusstsein dafür zu entwickeln, in ihrem Arbeitsumfeld Probleme wahrzunehmen, die zu Verschwendung führen und, soweit möglich, diese beseitigen.

Virtual Reality (VR)

Hintergrund

Um *Time-to-Market* zu reduzieren, sind die produzierenden Unternehmen permanent auf der Suche nach neuen Methoden effizienter Organisation, Planung und Produktion, um Entwicklungszeiten zu reduzieren und Produktions- und Logistikprozesse schon im Vorfeld der Investitionen durchgängig zu optimieren, die Planungsarbeiten zu beschleunigen und Investitionen abzusichern.

Eine Möglichkeit ist der Einsatz der *Virtuellen Realität (VR)*. Sie verkürzt die Produktentwicklungszeit und ermöglicht dabei, Kosten weiter zu senken. VR ist mit Hilfe der technischen VR-Visualisierung und des Produktdatenmanagements zu einem Schlüsselwort des Produktentwicklungsprozesses geworden.

Konzept

Virtual Reality ist eine neuartige Mensch-Maschine-Schnittstelle, die es dem Benutzer erlaubt, sich in dreidimensionalen Daten zu bewegen und zu agieren. Diese Technik wird eingesetzt, um in einer Phase der Produktentwicklung Fabriken zu visualisieren und zu simulieren. Um in diese künstliche Welt eintauchen zu können, gibt es verschiedene Hardware, die den Benutzer unterschiedlich stark in die künstliche Welt einbindet. Man spricht hier auch vom Grad der Immersion (Eintauchen) und der eigenen Präsenz des Benutzers (Schweer 1997, S 251 ff.).

Bei einem Virtual-Reality-System spricht man auch von einem *Closed-Loop-Betrieb* in Echtzeit. Die Hardware und Software reagieren auf die Aktionen des Benutzers und liefern entsprechende Ergebnisse (z. B. neue Ansicht eines Modells) an den Benutzer zurück. Eine Echtzeit-Darstellung ist dabei abhängig von der eingesetzten Hardware und Software und der vom Benutzer verlangten Qualität eines Modells. Je detailgetreuer ein Modell dargestellt werden soll, desto aufwändiger ist die Berechnung dieses Modells.

Die technischen Anforderungen an Virtual Reality-taugliche Hardware hängen von verschiedenen Parametern ab:

- Komplexität der Szene
- Darstellungsqualität und Realismus der Darstellung
- Echtzeitanforderungen
- Art der Interaktion

Virtual-Reality-Hardware-Komponenten, die heute eingesetzt werden, sind:

- Displays, Head-Mounted-Displays (HMD)
- Shutterbrille, Stereo-Projektionswand
- CAVE (Mehr-Seiten-Stereo-Projektionswand) mit Shutterbrille
- Interaktion, 3D-Maus
- Datenhandschuh, Kraft-Feedback
- Spracherkennung, Sprachausgabe, akustisches Feedback
- Tracking des Benutzers, Optische Tracker

Je nach eingesetzter Hardware kann ein Virtual-Reality-System in der Modell-Visualisierung, Crash-Visualisierung, Montage oder Fabrikplanung integriert werden.

Bei der Modell-Visualisierung kann man z. B. mehrere Produktvarianten entwickeln und diese als Modell in einem Virtual-Reality-System betrachten, ohne einen Prototyp jeder Variante herstellen zu müssen.

In diesem Zusammenhang ist der Begriff der *virtuellen Product-Clinic* zu nennen. Sie ist in der Automobilindustrie ein häufig benutztes Werkzeug der Marktforschung, um die Wünsche der Kunden und die Akzeptanz eines neuen Fahrzeugmodells möglichst lange vor der Markteinführung zu erfragen und zu testen. Bei einer Product-Clinic werden Prototypen von einigen ausgewählten Personen begutachtet, ausprobiert (z. B. Testfahrten mit einem Auto) und bewertet.

Für die Realisierung einer Product-Clinic müssen oft große Hallen gemietet werden und die Fahrzeuge (speziell Prototypen) müssen zu diesen Hallen transportiert werden. Dieses Verfahren ist teuer und wegen der erforderlichen Geheimhaltung problematisch.

Die virtuelle Product-Clinic hat die gleiche Funktion wie die reale Product-Clinic. Es werden jedoch keine realen Fahrzeuge benötigt. Die Fahrzeugmodelle werden mit Hilfe eines Virtual-Reality-Systems dargestellt. Die Person, die das neue Fahrzeugmodell beurteilen soll, sieht das Fahrzeug durch Nutzung von Virtual-Reality-Hardware nur in einer künstlichen Welt. Durch eine virtuelle Product-Clinic wird versucht, Nachteile der realen Product-Clinic zu vermeiden.

Vorteile der virtuellen Product-Clinic sind:

- Kostenreduktion (es müssen keine Fahrzeuge transportiert werden)
- Zeitersparnis, da frühere Befragung möglich ist (schon vor dem ersten Prototyp)
- Einfache Variantendarstellung (es können beliebige Varianten dargestellt werden)

Nachteile der virtuellen Product-Clinic sind:

- Noch fehlende Geruchs-Simulation (z. B. Lederpolster),
- Fühlen und Ertasten von Oberflächen derzeit nicht möglich und
- Fließende Bewegung der Darstellung nicht immer gewährleistet.

Trotz der Nachteile ist die virtuelle Product-Clinic eine interessante Variante zur üblichen realen Product-Clinic.

Bewertung

Die VR-Technik eröffnet neue Handlungsspielräume und verändert durch ihre Anwendung gleichzeitig die Unternehmensprozesse. Mit Hilfe von VR ist eine frühzeitige, kontinuierliche, vernetzte und integrierte Unterstützung der Mitarbeiter hinsichtlich der Abstimmung, Analyse und Konkretisierung der Entwicklungsergebnisse mit Hilfe digitaler Prototypen möglich. Wesentliche Anwendungsgebiete von VR finden sich im Moment vornehmlich bei Automobil-, Flugzeugherstellern sowie Unternehmen des Anlagenbaus.

Virtuelle Fabrik (VF)

Hintergrund

Das Konzept der *Virtuellen Fabrik (VF)* stellt im wachsenden Kosten-, Innovations- und Wettbewerbdruck der globalisierten Märkte eine völlig neue strategische Option dar. Euphorische Befürworter sehen darin sogar die Organisationsform der Zukunft, da es die vorübergehende Bündelung verschiedener Fähigkeiten aus verschiedenen Branchen erlaubt. Besonders in Märkten mit stark komplexen Produkten und hoher Unsicherheit ermöglicht diese Strategie den beteiligten Unternehmen die nötige Flexibilität und Agilität.

In der Virtuellen Fabrik kooperieren Unternehmen, Institutionen oder Einzelpersonen dezentral auf Basis eines gemeinsamen Geschäftsverständnisses. Unter Konzentration auf ihre jeweilige Kernkompetenz erfüllen sie zusammen nur einen Geschäftszweck. Gegenüber Dritten treten sie dabei als ein einheitliches Unternehmen auf, das Produkte oder Dienstleistungen erstellt.

„Eine Virtuelle Fabrik ist ein Zusammenschluss rechtlich bzw. wirtschaftlich unabhängiger Unternehmen und/oder Unternehmensbereiche mit dem Ziel, gemeinsam die erforderlichen Voraussetzungen aufzubauen, um Marktchancen mit einem kleinen Zeitfenster schnell und effizient identifizieren und kooperativ erschließen zu können, die ein einzelnes Unternehmen nicht oder nur weniger gewinnbringend realisieren kann“ (Schuh 2003, S. 64).

Konzept

Heruntergebrochen auf die Ebene der Produktion findet sich der Begriff der Virtuellen Fabrik. Voraussetzungen für die Ausgestaltung von Virtuellen Fabriken sind (vgl. Schuh 2003, S. 64 f.):

- Exzellenz der Kompetenzen
- Kooperationsfähigkeit
- Kooperationsbereitschaft

In Virtuellen Fabriken sind solche Organisationen vereint, die auf bestimmte Bereiche der Wertschöpfungskette spezialisiert sind. In diesem Bereich muss ein Unternehmen exzellente Kompetenzen aufweisen, d. h. relativ zu vergleichbaren Wettbewerbern überlegen sein. Der Erfolg eines aktivierten Netzwerkes hängt davon ab, ob überragende Spezialisten im Sinne eines Best-of-Everything synergetisch zusammengeführt werden können. Um Ad-hoc-Kooperationen zu ermöglichen, muss die Kooperationsfähigkeit zwischen allen Unternehmen der Virtuellen Fabrik gewährleistet sein.

Ein Zusammenschluss kooperationsfähiger Organisationen stellt ein Kooperationspotenzial dar, um schnell und effizient Marktchancen erschließen zu können. Die Erschließung des Potenzials bedingt, dass Unternehmen eine Kooperationsbereitschaft mitbringen, um gemeinsam marktorientierte Aktivitäten einzuleiten.

Ausgehend von diesen Anforderungen werden vier Bausteine für den erfolgreichen Aufbau einer Virtuellen Fabrik gefordert:

- Kooperationsnetzwerk
- Kooperationsprinzipien
- Vermarktung der Virtuellen Fabrik
- Produktion und Netzwerk

Ziel des Kooperationsnetzwerks ist, die erforderlichen Voraussetzungen für die Identifizierung und Ausbeutung von Marktchancen aufzubauen, um gemeinsam Zusatzgeschäfte zu realisieren und in neue Geschäfte einzusteigen.

Das Netzwerk stellt ein Kooperationspotenzial dar, das die Partner für die Vermarktung unter der Marke Virtuelle Fabrik und den schnellen Aufbau von Kooperationen nutzen. Das Kooperationsnetzwerk ist ein loser Verbund rechtlich bzw. wirtschaftlich unabhängiger Unternehmen. Der zwischenbetrieblichen Koordination folgt eine Abstimmung zwischen Marktpartnern, d. h., es existiert kein fokales Unternehmen, das das Netzwerk zentral steuert. Die Virtuelle Fabrik verfolgt das Ziel, durch schnelle und effiziente Kooperationen dem Kunden ein Höchstmaß an Flexibilität zu bieten. Dazu muss ein universelles Leistungsspektrum angeboten werden, die kapazitive Verfügbarkeit einzelner Kompetenzen ist sicherzustellen, und die Exzellenz der Kompetenz im Vergleich zur Konkurrenz muss gewährleistet sein.

Die Qualität der Leistung einer Virtuellen Fabrik ist abhängig vom Zusammenspiel der Kompetenzen aller Partnerunternehmen. Nicht nur die Wertschöpfung im einzelnen Unternehmen ist zu optimieren, sondern die gesamte Wertschöpfungskette muss mindestens so gut abgestimmt werden, wie dies innerhalb eines Unternehmens möglich ist. Um die Virtuelle Fabrik als wettbewerbsfähige Variante zur Leistungserstellung im Einzelunternehmen zu gestalten, müssen überbetriebliche Dienstleistungen zusammen mit einer gut funktionierenden Infrastruktur gewährleisten, dass die Virtuelle Fabrik gegenüber den externen Kunden als ein Unternehmen bzw. eine Fabrik wahrgenommen wird (Schuh 2003, S. 66 ff.).

Rollen in der Virtuellen Fabrik

In der Virtuellen Fabrik haben sich bei der Auftragsabwicklung sechs verschiedene Rollen (Dienstleistungsprofile) herausgebildet (Brütsch 1999, S. 88 f.).

Der *Broker* ist der unternehmerisch Verantwortliche und die Triebfeder der Gründungsphase einer Virtuellen Fabrik. Er akquiriert Aufträge und führt Virtuelle Fabriken aus dem Partnerkreis zusammen, weiterhin betreut er das Marketing. Der *Leistungsmanager* ist für die Abwicklung der technischen Machbarkeit und die Konfiguration einer Leistung zuständig. Der *Auftragsmanager* hat die Funktion eines Produktionsleiters der jeweiligen Virtuellen Fabrik und koordiniert die Auftragsabwicklung. Der *In-/Outsourcer* bietet die Kompetenzen und Ressourcen seines Betriebs als Beitrag für die Virtuelle Fabrik an. Er ist für die Planung und Erstellung der Produktionsleistungen seines Unternehmens gegenüber der Virtuellen Fabrik zuständig. Der *Netzwerkcoach* regelt den Aufbau und die Pflege des Beziehungsnetzes zwischen den Netzwerkpartnern. Der *Auditor* überprüft die Abwicklung der Virtuellen Fabrik als neutrale Instanz und stellt die Einhaltung der Spielregeln sicher.

Im Baustein Vermarktung werden die Kompetenzen der unabhängigen Partnerunternehmen im Markt positioniert. Die Positionierung umfasst die Schritte Zielharmonisierung und Produktformung, gemeinsame Akquisition sowie die längerfristige Entwicklung der Virtuellen Fabrik zu einer Marke der Kooperation.

Führt die Vermarktung eines Produkts der Virtuellen Fabrik zum Erfolg, müssen sich die Partnerunternehmen in einer Wertschöpfungskette zur Herstellung des Produkts formieren. Hierfür entstehen eine Vielzahl möglicher Handlungsoptionen: Sowohl temporär begrenzte Kooperationen (In-/Outsourcing von Kapazitäten, verlängerte Werkbank) als auch stabile Produktionsnetzwerke (z. B. in Form von Joint Ventures, Strategischen Allianzen, Zulieferketten etc.) sind denkbar.

Bewertung

Ein faszinierender Gedanke: Bei Lieferproblemen eines einzelnen Unternehmens kann auf Kapazitäten und Kompetenzen der Unternehmen aus dem Netzwerk zurückgegriffen werden. Dadurch kann die vom Kunden geforderte Lieferbereitschaft garantiert werden. Freie Kapazitäten (so genannte Rest- oder Überhangkapazitäten) der Unternehmen können besser ausgelastet werden und erwirtschaften somit einen zusätzlichen Deckungsbeitrag. Durch die Bündelung von Kernkompetenzen verschiedener Unternehmen in Virtuellen Fabriken können Produkte und Leistungen mit geringerem Initialaufwand schneller und besser als durch reale Fabriken erbracht werden, und mit der Auslieferung der vertraglich vereinbarten Leistung wird die virtuelle Fabrik einfach wieder aufgelöst.

Es ist festzuhalten, dass die Idee der Virtuellen Fabrik in der Praxis ihre Bewährung noch sucht. Sie konkurriert zudem mit dem Gedanken des *Supply Chain Managements* und dem Konzept der Produktionsnetzwerke. Die Erfahrungen, die in der Vergangenheit mit Unternehmenskooperationen gemacht wurden, zeigen, dass weniger fehlende konzeptionelle Grundlagen als vielmehr fehlendes Vertrauen der Partner und fehlender Goodwill der Beteiligten die erfolgreiche Umsetzung bislang verhindert haben. Dies sollte Anlass genug sein, der Idee der Virtuellen Fabrik mit gesunder Skepsis und konstruktiver Kritik zu begegnen.

Wertstromdesign

Hintergrund

Das *Wertstromdesign* ist eine Methode, die aus dem Toyota-Produktionssystem heraus entstanden ist. Es bedeutet, das Ganze zu sehen, um das Ganze zu verbessern – innerhalb der Fabrik und über die Fabriktore hinaus.

Es ist eine einfache, aber verblüffend wirksame Methode, die hilft, den aktuellen Stand der Wertströme eines Unternehmens zu erfassen und neu zu gestalten. Das Wertstromdesign ist eine einheitliche Sprache für eine transparente Bestandsanalyse, Lösungsfindung und -umsetzung bzgl. Verschwendung und Schwachstellen in bestehenden Produktionssystemen (Rother 2004, S. 3 ff.).

Konzept

Unter einem Wertstrom versteht man alle Aktivitäten (sowohl wertschöpfend als auch nicht-wertschöpfend), die notwendig sind, um ein Produkt durch die Hauptflüsse zu bringen, die für jedes Produkt entscheidend sind (vgl. Rother 2004, S. 3):

- Den Fertigungsstrom vom Rohmaterial bis in die Hände des Kunden und
- den Entwicklungsstrom vom Produktkonzept bis zum Produktionsstart.

Durch eine enge Verkettung der Prozesse im Wertstrom werden die Durchlaufzeiten verkürzt und gleichzeitig Fehler und Ausschuss verringert. Hierbei wird die Aufgabe der Steuerung einzelner Prozesse auf die Steuerung eines gesamten, effizienten und kundenorientierten Flusses verlagert. Zielsetzung des Wertstromdesigns muss es deshalb sein, einen Fluss mit einem hohen Grad an Wertschöpfung und kurzen Durchlaufzeiten aufzubauen.

Um die Komplexität des zu untersuchenden Systems so gering wie möglich zu halten, sollte man sich bei der Durchführung der Wertstromanalyse jeweils auf eine Produktfamilie konzentrieren. Da Unternehmen meist nach Abteilungen und Funktionen aufgebaut sind, anstatt nach dem Fluss der wertschöpfenden Schritte, ist oftmals niemand für den gesamten Wertstrom verantwortlich. Es ist schwierig, im Unternehmen eine einzelne Person zu finden, die über den vollständigen Material- und Informationsfluss einer Produktfamilie informiert ist. Um von dieser isolierten Betrachtungsweise wegzukommen, ist es notwendig, einer Person – dem Wertstrommanager – die Hauptverantwortung für das Verständnis des Wertstroms und dessen Verbesserung zu übertragen (Rother 2004, S. 7).

Zielsetzung der Analyse des Ist-Zustands ist es, ein über Funktionen und Abteilungen abgestimmtes und allgemein anerkanntes Abbild der aktuellen Situation des betrachteten Werks bezogen auf die ausgewählte Produktfamilie zu erhalten.

Der Zweck des Wertstromdesigns ist es, Ursachen von Verschwendung aufzuzeigen und sie durch Umsetzung eines Soll-Zustandes zu eliminieren.

Die folgenschwerste Ursache für Verschwendung in einem Unternehmen ist die Überproduktion, d. h., mehr, früher oder schneller zu produzieren, als es der nächste Prozess benötigt. Überproduktion verursacht alle möglichen Arten der Verschwendung, nicht nur in Form hoher Bestände und damit gebundenen Kapitals. Die Folgen sind: Zusätzliche Lagerflächen werden benötigt, die Anzahl der Transporte erhöht sich, wozu mehr Personal und Transportmittel notwendig werden. Ebenso verlängert sich die gesamte Durchlaufzeit, wodurch die Reaktionsfähigkeit auf geänderte Kundenanforderungen stark herabgesetzt wird. Bei der Konzeption des Soll-Zustands sollte deshalb u. a. darauf geachtet werden, dass ein Prozess nur das herstellt, was der nächste Prozess benötigt, und auch erst dann, wenn er es benötigt (Rother 2004, S. 38 ff.).

Dabei nennt Rother folgende Handlungsleitlinien:

- Montieren Sie nach der *Taktzeit*
- Entwickeln Sie, wo immer möglich, eine kontinuierliche Fließfertigung
- Verwenden Sie Pull-Systeme zur Produktionssteuerung, wo sich die kontinuierliche Fließfertigung nicht bis zu den vorgeschalteten Prozessen ausdehnt
- Versuchen Sie, die Produktionsplanung nur an einer einzelnen Stelle im Wertstrom anzusetzen.

Die Reihenfolge der Bearbeitung dieser Schritte, die damit zu erreichenden Ziele sowie klar beschriebene Meilensteine, Termine und Verantwortlichkeiten werden in einem Wertstromplan zusammengefasst. Ein Grund für den Erfolg des Wertstromdesigns ist die Verwendung von klar sprechenden Symbolen. Diese fungieren in der Ist-Analyse-Phase als einheitliche Sprache, die von allen gesprochen werden kann. Somit kann ein maximal möglicher Grad an Transparenz erreicht werden.

Bewertung

Es gibt viele Instrumente zur Darstellung von Informations- und Materialflüssen. Warum also Wertstromdesign? Weil dieses Instrument parteiisch ist. Während konventionelle Instrumente sich mit der Darstellung der Prozesse begnügen, ist das Instrument des Wertstromdesigns darauf ausgelegt, Abweichungen von Prinzipien der Schlanken Produktion unmissverständlich anzuzeigen, und liefert gleichzeitig Bausteine zur Gestaltung einer verschwendungsfreien Produktion.

Zertifizierung

Hintergrund

Zahlreiche internationale Richtlinien sowie nationale Gesetze verpflichten Hersteller dazu, Anforderungen u. a. hinsichtlich der Arbeitssicherheit und des Gesundheitsschutzes einzuhalten. Um die Einhaltung dieser Richtlinien und Gesetze zu überprüfen, werden Zertifizierungen durchgeführt. In der betrieblichen Praxis wird der Begriff *Zertifizierung* häufig im Zusammenhang mit einem Qualitäts- bzw. Umweltmanagementsystem verwendet. „Gemeint ist damit der Vorgang des Nachweises der Wirksamkeit und Funktionsfähigkeit eines entsprechenden Managementsystems im Unternehmen. Der Nachweis wird durch ein externes Systemaudit erbracht, das von einer neutralen Zertifizierungsstelle durchgeführt werden muss“ (Kamiske, Brauer 2003, S. 372), die sich durch ihre formale Kompetenz, Unabhängigkeit und Integrität auszeichnet. Die Zertifizierungsstelle vergibt bei Erfüllung der Anforderungen gemäß den so genannten „zertifizierfähigen“ Normen DIN EN ISO 9001:2000 (Qualitätsmanagement) bzw. DIN EN ISO 14 001 (Umweltmanagement) ein entsprechendes Zertifikat. In den weiteren Ausführungen wird allerdings nur noch Bezug auf das Qualitätsmanagement genommen.

Konzept

„Der Begriff der Zertifizierung geht auf das spätlateinische certificare (= sicher, gewiss machen) zurück, ins Deutsche kam es über die französische Sprache (*certifier*), wo es im allgemeinen Sprachgebrauch die Bedeutung (amtlich) beglaubigen, bescheinigen hat“ (Malorny, Kassebohm 1994, S. 234).

In der Regel wird das Zertifizierungsverfahren in mehreren Schritten durchgeführt (vgl. Kamiske, Brauer 2003, S. 374 f.):

1. Vertragsabschluss

Das zu zertifizierende Unternehmen stellt einen Antrag bei einer durch die *Trägergemeinschaft für Akkreditierung (TGA)* anerkannten Zertifizierungsstelle. Eine Zertifizierungsstelle ist dann anerkannt bzw. akkreditiert, wenn sie die Anforderungen gemäß DIN EN 45012 erfüllt hat und dann in der Lage ist, ein „Zertifizierungsverfahren im Sinne der Durchführung eines externen Systemaudits mit dem Ziel der Zertifizierung bzw. Zertifizierungserteilung" (Kamiske, Brauer 2003, S. 374) in die Wege zu leiten. In einem Vertrag verpflichtet sich der Zertifizierer, das Unternehmen durch das Zertifizierungsverfahren zu begleiten. „Dies darf jedoch nicht verwechselt werden mit einem vor dem Zertifizierungsverfahren liegenden Beratungsverfahren zur Einführung des Qualitätsmanagementsystems, da hiermit objektiv ein Zielkonflikt entsteht" (Kamiske, Brauer 2003, S. 374).

2. Vorbereitung

Das zu zertifizierende Unternehmen erhält einen Katalog mit einer Reihe von Fragen zu allen Elementen des Qualitätsmanagementsystems. „Diese Kurzfragenliste wird in Form einer Selbstbewertung (Self-Assessment) ausgefüllt und dient der Zertifizierungsstelle als Vorbeurteilung, ob das Unternehmen die Grundvoraussetzungen für ein Zertifizierungsaudit erfüllt" (Kamiske, Brauer 2003, S. 374). Eine Vorbeurteilung verfolgt den Zweck, möglicherweise vorhandene, grundlegende Schwachstellen bereits frühzeitig aufzudecken und zu beseitigen, bevor weitere Schritte im Zertifizierungsablauf durchgeführt werden. Alternativ kann auf Wunsch des Unternehmens auch ein Voraudit vereinbart werden.

3. Unterlagenprüfung

Das von dem zu zertifizierenden Unternehmen eingereichte Qualitätsmanagementhandbuch, das das Qualitätsmanagementsystem dieses Unternehmens dokumentiert, sowie ggf. weitere Unterlagen, wie z. B. Verfahrens- und Arbeitsanweisungen, werden von der Zertifizierungsstelle überprüft. Das Ergebnis wird in einem Kurzbericht festgehalten und samt Aufforderung, eventuell festgestellte Schwachstellen der Unterlagen vor Durchführung des Zertifizierungsaudits zu beheben, an das Unternehmen übergeben.

4. Systemaudit (Zertifizierungsaudit)

Im Rahmen der Durchführung des externen Systemaudits als Zertifizierungsaudit wird in der Regel mittels einer Stichprobenprüfung aller Normelemente bzw. Zertifizierungskriterien festgestellt, „ob die Anforderungen der zugrunde liegenden Norm erfüllt und die in den schriftlichen Unterlagen dokumentierten Tätigkeiten auch tatsächlich im Unternehmen angewendet werden" (Kamiske, Brauer 2003, S. 375). In einer umfangreichen Auditfragenliste werden die Forderungen der entsprechenden Norm bzw. der Kriteriensammlung festgehalten. In einem Auditbericht (Abweichungsbericht) werden eventuelle Schwachstellen vom Zertifizierer festgehalten und an das Unternehmen weitergeleitet.

5. Zertifikatserteilung

Nach erfolgreichem Abschluss des Zertifizierungsverfahrens wird das Zertifikat erteilt. Ergeben sich aus dem Auditbericht jedoch kritische Abweichungen, so sind diese zu beheben, ehe das Zertifikat erteilt werden kann. Abweichungen, die als nichtkritisch anzusehen sind, müssen unter Angabe der Korrekturmaßnahme innerhalb von sechs Monaten behoben werden. „Eventuell erforderliche Nachaudits zur Prüfung der Korrekturmaßnahmen können vereinbart werden“ (Kamiske, Brauer 2003, S. 375).

Das Zertifikat ist drei Jahre lang gültig, „wenn mindestens einmal im Jahr ein Überwachungsaudit mit positivem Ergebnis durchgeführt wird“ (Kamiske, Brauer 2003, S. 375). Die Berichte der betriebsintern durchgeführten Audits sowie die Änderungen des Qualitätsmanagementsystems werden überprüft sowie stichprobenartig einige Systemelemente. Um die Gültigkeit des Zertifikates um weitere Jahre zu verlängern ist es notwendig, vor Ablauf der Gültigkeitsdauer ein Wiederholungs- oder Re-Audit durchzuführen, bei dem die Wirksamkeit des gesamten Systems nochmals stichprobenartig geprüft wird.

Bewertung

Zertifizierte Qualitätsmanagementsysteme werden hinsichtlich ihrer ökonomischen Bedeutung in der Praxis kontrovers diskutiert. Die Befürworter weisen auf die „Einbeziehung externer, unabhängiger Instanzen zur Qualitätsnachweisführung in der Objektivierung der Beurteilungsverfahren und der Unterstützung der kontinuierlichen Verbesserung durch die ständige Durchführung von Revisionsaudits“ (Wildemann 2001, S. 321 f.) hin. Des Weiteren wird einem Zertifikat in seiner Außenwirkung „ein erhebliches akquisitorisches Potenzial bei der Aufnahme von Geschäftsbeziehungen“ (Wildemann 2001, S. 323) zugesprochen. „Sie gewinnen in Bezug auf die Produkthaftung und den Zugang zu internationalen Märkten an Bedeutung und helfen als vertrauensbildende Maßnahme, den herrschenden Audittourismus einzudämmen“ (Wildemann 2001, S. 323). Die Vorlage eines Zertifikats verhindert den seitens der Zulieferer befürchteten Effekt des gläsernen Lieferanten und „scheint das Kapazitätsproblem der Abnehmer bei der Auditierung einer Vielzahl von Lieferanten zu lösen“ (Wildemann 2001, S. 323).

Ein Unternehmen, das durch den Erhalt eines Zertifikates den Nachweis der Wirksamkeit und Funktionsfähigkeit seines Qualitätsmanagementsystems erbracht hat, erhofft sich in erster Linie günstigere Marktchancen, d. h., einen Wettbewerbsvorsprung gegenüber seiner nicht zertifizierten Konkurrenz zu erlangen. Dabei sollte ein Unternehmen allerdings bedenken, dass ein Zertifikat allein „als Indikator für ein normatives QM-Niveau keine Garantie für hohe Umsätze, günstige Preise, niedrige Kosten und hohe Gewinne, viel weniger noch eine Versicherung (sichere Bank) für langfristigen Unternehmenserfolg“ (Kamiske, Ehrhart 1997, S. 468) ist. Gesetzt den Fall, ein zertifiziertes Unternehmen liefert seine Produkte an Endverbraucher, so ist bedenken, dass ein Endverbraucher seine Kaufentscheidung nicht zwangsläufig davon abhängig macht, ob ein Unternehmen ein Zertifikat vorweisen kann oder nicht. Der Nachweis eines Zertifikates kann für einen Endverbraucher insbesondere dann uninteressant sein, „wenn mit einem normativen QM-System allein ihre spezifischen Anforderungen nicht erfüllt werden können“ (Malorny, Kassebohm 1994, S. 228 f.). Die Zertifizierung verliert „unter Umständen einen Großteil ihrer direkten Außenwirkung, weil den Verbrauchern das Know-how fehlt, um den Wert eines Zertifikates richtig einzuschätzen, und weil sie für homogene Konsumgüter, bei denen die Qualität über den Produktzusatznutzen empfunden wird, kein entscheidungsrelevantes Kaufkriterium darstellt" (Wildemann 2001, S. 325).

Kritiker der Zertifizierung zweifeln an ihrer Wirksamkeit. Diese „äußert sich in *Imagezertifikaten* und führt zu Doppelarbeit, wenn Abnehmer trotz bestehender Zertifikate an der individuellen Auditierung ihrer Lieferanten festhalten. Die Kosten der Erbringung des Qualitätsnachweises durch den Zulieferer werden im Vergleich zur individuellen Auditierung nicht verringert. Während die individuelle Auditierung abnehmerspezifische Einschränkungen des Teilspektrums oder der betrachteten Funktionsbereiche zulässt, erhebt die Zertifizierung den Anspruch einer unternehmensumfassenden Qualitätsnachweisführung" (Wildemann 2001, S. 323).

Nach Ansicht Wildemanns sollte die Bedeutung der Zertifikate ohnehin in mehrfacher Hinsicht relativiert werden (Wildemann 2001, S. 328):

- Neben der Zertifizierung können branchenspezifische Vereinheitlichungen und die gegenseitige Anerkennung der Auditergebnisse ein Weg zur Reduzierung der Auditierungskosten sein, die den individuellen Bedürfnissen besser Rechnung tragen als das globale Konzept der Zertifizierung.
- Neben Zertifikaten stellen Qualitätspreise und Auszeichnungen eine zunehmend bedeutsame Vermarktungsmöglichkeit dar.
- In innovativen Zuliefer-Abnehmer-Beziehungen gehen die Anforderungen der gemeinsamen Qualitätssicherungsbemühungen über den Umfang genormter Qualitätsmanagementsysteme hinaus.
- Schließlich sind zertifizierte Qualitätssicherungssysteme aufgrund ihrer starken Technik- und Produktorientierung nur ein Schritt auf dem Weg zu einer umfassenden Qualitätsorientierung des Unternehmens.

Literaturverzeichnis

ARNOLD, D.: Handbuch Logistik, Berlin 2002.

ARNOLDS, H.; HEEGE, F., TUSSING, W.: Materialwirtschaft und Einkauf, 10. Auflage, Wiesbaden 1998.

BECKMANN, H.: Supply Chain Mangement: Strategien und Entwicklungstendenzen in Spitzenunternehmen, Berlin 2003.

BRÖCKERMANN, R.: Personalmarketing. Akquisition-Bindung-Freistellung, Stuttgart 2002.

BRÜTSCH, D.: Virtuelle Unternehmen, Zürich 1999.

BÜHNER, R.: Mitarbeiter mit Kennzahlen führen – der Quantensprung zu mehr Leistung, 2. Auflage, Landsberg 1997.

BULLINGER. H.-J.: Arbeitsgestaltung: Personalorientierte marktgerechter Arbeitssysteme, Stuttgart 1995.

BULLINGER, H.-J.; WARNECKE, H. J. (HRSG.): Neue Organisationsformen im Unternehmen. Ein Handbuch für das moderne Management,Berlin, Heidelberg, New York 1996.

DÖNGES, H.-C.: Veränderung in der Logistik durch RFID, In: Logistik Jahrbuch 2005, S. 271-276.

EHRMANN, H.: Logistik: Kompendium der praktischen Betriebswirtschaft, Kiel 1997.

EVERSHEIM, W. (HRSG.); AUS BOCHTLER, W., LAUFENBERG, L.: Simultaneous Engineering – Erfahrungen der Industrie für die Industrie, Berlin, Heidelberg, New York 1995.

FISCHER, T. M.: Kostenmanagement strategischer Erfolgsfaktoren, München 1993.

FREHR, H.-U.: Total Quality Management – Unternehmensweite Qualitätsverbesserung, 2. Auflage, München, Wien 1994.

HAHN, D.: Handbuch industrielles Beschaffungsmangement: Internationale Konzepte – innovative Instrumente – aktuelle Praxisbeispiele, Wiesbaden 1999.

HAMMER, M., CHAMPY, J.: Business Reeingineeering, Frankfurt am Main 1994.

HEINDL, H.: Benchmarking – Best Practices. Arbeitspapiere des Fachbereichs Wirtschaftswissenschaft, Bergische Universität Gesamthochschule Wuppertal 1999.

HEISERICH, O.: Logistik: Eine praxisorientierte Einführung, Wiesbaden 1997.

HORVÁTH, P. (HRSG.): Target Costing – marktorientierte Zielkosten in der deutschen Betriebswirtschaft: Praxis, Stuttgart 1993.

HORVÁTH, P.: Controlling, 5. Auflage, München 1994.

HORVÁTH, P.: Target Costing: Marktorientierte Zielkosten in der deutschen Praxis, München 1999.

IMAI, M.: Kaizen – Der Schlüssel zum Erfolg im Wettbewerb, 2. Auflage, München 2002.

KAMISKE, G. F.: Qualitätsmangement von A – Z: Erläuterung moderner Begriffe des Qualitätsmangements, 2. Auflage, München 1995.

KAMISKE, G. F., BRAUER, J.-P.: Qualitätsmanagement von A bis Z – Erläuterungen moderner Begriffe des Qualitätsmanagements, 4. Auflage, München 2003.

KLUCK, D.: Materialwirtschaft und Logistik-Lehrbuch mit Beispielen und Kontrollfragen, Stuttgart 1998.

KLUCK, D.: Materialwirtschaft und Logistik: Lehrbuch mit Beispielen und Kontrollfragen, 2. Auflage, Stuttgart 2002.

KÜPPER, H.-U.; WEBER, J.: Grundbegriffe des Controlling, Stuttgart 1995.

LAY, G.: Betreibermodelle – Ein erweitertes Leistungsangebot der Investitionsgüterindustrie, In: Stahl und Eisen, Band 123, Heft 10, S. 29-31, 2003.

LÖDDING, H.: Verfahren der Fertigungssteuerung – Grundlagen, Beschreibung, Konfiguration, Berlin 2005.

LUCZAK, H.: Produktionsplanung und -steuerung: Grundlagen, Gestaltung und Konzepte, 2. Auflage, Berlin 1999.

MÄHLCK, H.; PANSKUS, G.: Herausforderung Lean Production, 2. Auflage, Düsseldorf 1995.

MÄNNEL, W.: Entwicklungsperspektiven der Kostenrechnung, 2. Auflage, Lauf an der Pegnitz 1996.

MALORNY, C.; KASSEBOHN, K.: Brennpunkt TQM – Rechtliche Anforderungen, Führung und Organisation, Auditierung und Zertifizierung nach DIN ISO 9000 ff., Stuttgart 1994.

NEBL, T.: Einführung in die Produktionswirtschaft, München 1996.

OESS, A.: Total Quality Mangement: Die ganzheitliche Qualitätsstrategie, 3. Auflage, Wiesbaden 1994.

OHNO, T.: Das Toyota-Produktionssystem, Frankfurt am Main 1993.

PFOHL, H.-C.: Logistiksysteme: Betriebswirtschaftliche Grundlagen, 4. Auflage, Darmstadt 2003.

PICOT, A.: Die grenzenlose Unternehmung – Information, Organisation und Management, 4. Auflage, Wiesbaden 2003.

PILLER, F.-TH.: Kundenindividuelle Massenproduktion – die Wettbewerbsstrategie der Zukunft, München 1998.

PILLER, F.-TH.: Mass Customization – Ein wettbewerbsstrategisches Konzept im Informationszeitalter, 3. Auflage, München 2001.

RIESE, J.: Time-to-Market-Mangement in der Automobilindustrie – ein Gestaltungsmanagement für ein logistikorientiertes Anlaufmanagement, Dissertation, Technische Universität Berlin, Berlin 2002.

ROTHER, M.: Sehen lernen – mit Wertstromdesign die Wertschöpfung erhöhen und Verschwendung beseitigen, Aachen 2004.

SCHÖNSLEBEN, P.: Integrales Logistikmangement – Planung und Steuerung von umfassenden Geschäftsprozessen, 3. Auflage, Heidelberg 2002.

SCHUH, G.: Virtuelle Fabrik. Neue Marktchancen durch dynamische Netzwerke, München 2003.

SCHWEER, G.: Digital Mock-Up und Virtual Reality – Wege zur innovativen Produktentwicklung bei Volkswagen, In: VDI-Berichte, Band 1374, S. 15–37, 1997.

SEIDENSCHWARZ, W.: Target Costing – marktorientiertes Zielkostenmanagement, München 1993.

SPATH, D.: Ganzheitlich produzieren – Innovative Organisation und Führung, Stuttgart 2003.

TAKEDA, H.: Das synchrone Produktionssystem, Just-in-Time für das ganze Unternehmen, 4. Auflage, Frankfurt am Main 2004.

TAKEDA, H.: Low Cost Intelligent Automation (LCIA): Produktionsvorteile durch Einfachautomatisierung, Frankfurt am Main 2004.

THALER, K.: Supply Chain Mangement Prozessoptimierung in der logistischen Kette, Wien 1999.

THONEMANN, U.: Operations Management – Konzepte, Methoden und Anwendungen, München 2005.

WALTER, W. G.: Einführung in die moderne Kostenrechnung, 2. Auflage, Wiesbaden 2000.

WANNENWETSCH, H.: Integrierte Materialwirtschaft und Logistik: Eine Einführung, Berlin 2002.

WARNECKE, H.-J.: Die Fraktale Fabrik – Revolution der Unternehmenskultur, Hamburg 1996.

WEBER, J.: Einführung in das Controlling, 8. Auflage, Stuttgart 1999.

WERNER, H.: Supply Chain Management – Grundlagen, Strategien, Instrumente und Controlling, Wiesbaden 2001.

WIENDAHL, H. P.: Erfolgsfaktor Logistikqualität: Vorgehen, Methoden und Werkzeuge zur Verbesserung der Logistikleistung, 3. Auflage, Berlin 2002.

WIENDAHL, H. P.: Schneller Produktionsanlauf von Serienprodukten, In: Ergebnisbericht der Untersuchung fast Ramp-up IFA Institut für Fabrikanlagen und Logistik, Universität Hannover 2002.

WIENDAHL, H. P.: Situative Konfiguration des Auftragsmanagements im turbulenten Umfeld, In: Heimsheim (Hrsg.): IPA-IAO Forschung und Praxis, Stuttgart 2002.

WILDEMANN, H.: Das Just-in-Time-Konzept: Produktion und Zulieferung auf Abruf, 3. Auflage, St. Gallen 1992.

WILDEMANN, H.: Die modulare Fabrik – Kundennahe Produktion durch Fertigungssegmentierung, 3. Auflage, St. Gallen 1992.

WILDEMANN, H.: Unternehmensqualität – Einführung einer kontinuierlichen Qualitätsverbesserung, München 1993.

WILDEMANN, H.: Logistik, Prozessmanagement – Organisation und Methoden, München 1997.

WILDEMANN, H.: Supply-Chain-Mangement, München 2000.

WILDEMANN, H.: Logistik Prozessmanagement – Organisation und Methoden, 2. Auflage, München 2001.

WILDEMANN, H.: Produktionscontrolling: Controlling von Verbesserungsprozessen in Unternehmen, 4. Auflage, München 2002.

WILDEMANN, H.: Betreibermodelle: Leitfaden zur Berechnung, Konzeption und Einführung von Betreibermodellen und Pay-on-Production-Konzeption, München 2002.

Der Autor

Professor Dr. Andreas Syska,
geboren 1958, ist seit 1997 Professor für Produktionsmanagement am Fachbereich Wirtschaftswissenschaften an der Fachhochschule Niederrhein in Mönchengladbach. Nach seinem Studium des Maschinenbaus an der RWTH Aachen war er als wissenschaftlicher Mitarbeiter am Forschungsinstitut für Rationalisierung an der RWTH tätig, wo er 1990 zum Dr.-Ing. promovierte. Daran anschließend wechselte er zur Robert Bosch GmbH nach Stuttgart, wo er bis 1994 als Produktionsleiter tätig war. Seitdem ist er für produzierende Unternehmen beratend tätig und unterstützt diese auf ihrem Weg zu Produktivität und Flexiblität.